Marcellin Wakam

Obudowa studni poziomej

Marcellin Wakam

Obudowa studni poziomej

Osłona pozioma odwiertu, cementowanie i projekt wykonawczy w Chinach

Wydawnictwo Bezkresy Wiedzy

Imprint
Any brand names and product names mentioned in this book are subject to trademark, brand or patent protection and are trademarks or registered trademarks of their respective holders. The use of brand names, product names, common names, trade names, product descriptions etc. even without a particular marking in this work is in no way to be construed to mean that such names may be regarded as unrestricted in respect of trademark and brand protection legislation and could thus be used by anyone.

Cover image: www.ingimage.com

Publisher:
Wydawnictwo Bezkresy Wiedzy
is a trademark of
International Book Market Service Ltd., member of OmniScriptum Publishing Group
17 Meldrum Street, Beau Bassin 71504, Mauritius

Printed at: see last page
ISBN: 978-620-0-54141-3

Zugl. / Approved by: Fushun,Liaoning Shihua University,Diss.,2015

Obudowa studni poziomej

Streszczenie

Wykonywanie odwiertów poziomych jest obecnie uznaną techniką, cieszącą się coraz większą popularnością w zakresie eksploatacji wielu złóż, które w przeciwnym razie nie miałyby charakteru komercyjnego. Odwiert poziomy wymaga jednak znacznych nakładów pracy inżynieryjnej w porównaniu z konwencjonalnymi wiertnicami kierunkowymi. Znaczący postęp w technologii wiercenia umożliwił wiercenie poziome w prawie każdej sytuacji przy użyciu bardzo specjalistycznych narzędzi. Większość zgłoszonych studni poziomych jest zakończona otwartym otworem lub wkładką szczelinową. Ten rodzaj wykończenia jest prosty i niedrogi, ale może nie zapewnić wystarczającego oparcia dla ścian studni, aby umożliwić długą żywotność studni.

W niniejszym artykule omówiono ułatwienia w projektowaniu studni poziomych. Dotyczy to rodzaju i charakteru obciążeń działających na ciągi rur okładzinowych osadzonych w studniach poziomych; przykładami tych obciążeń są: moment obrotowy i opór, osiadanie formacji, wpływ studni perforacyjnych. Proponowana metoda projektowa pokazuje, że odcinek poziomy wymaga zastosowania rury o wysokiej odporności na upadek lub rury o grubych ściankach, aby uniknąć uszkodzenia płaszcza osłonowego z powodu niekonwencjonalnych obciążeń, które występują w studniach poziomych.

Celem tego projektu jest uświadomienie inżynierowi lub brygadzistce niektórych problemów i rozwiązań dostępnych podczas wykonywania odwiertów horyzontalnych, które mogą mieć istotny wpływ na wydobycie i produkcję.

Klucz Words： Well projekt trajektorii, łańcuch obudowy, wybór trybu cementowania, wybór metody wykonania

Spis treści

0 Zawartość projektu

Formacja Data： Głębokość pionowa docelowego zbiornika wynosi 620m, Według danych z wierceń rozpoznawczych well： zbiornik ropy naftowej jest stabilny ， skała naftowa jest twarda, a warstwa docelowa płaska. Wśród zmian kąta pola naftowego od 2 stopni ~4 stopnie /1000m w kierunku północ-południe i 1 stopień ~3 stopnie /1000m w kierunku południowo-wschodnim, więc nadaje się do rozwoju poziomego odwiertu.

Cały odwiert musi być trzykrotnie wypłukany, innymi słowy, odwiert zostanie wykonany z trzech różnych stron wiertła. Długość odcinka poziomego wynosi od 800~1200m.

Uwagi: Korpus studni przyjmuje projekt profili z podwójnym łukiem, a wśród nich znajduje się pięć różnych części: Sekcja prosta, sekcja budowy, sekcja styczna, druga sekcja budowy, sekcja pozioma.

1 Wprowadzenie

Odwierty poziome to odwierty, w których część złożowa wykonywana jest pod dużym kątem, zwykle z trajektorią zapewniającą utrzymanie odwiertu w obrębie określonego interwału zbiornika lub strefy złożowej węglowodorów. W ścisłym tego słowa znaczeniu, studnie te rzadko są idealnie poziome, ale w większości przypadków znajdują się blisko poziomu, na ogół pod kątem większym niż 80° od pionu.

Studzienki poziome są wiercone w określonej konfiguracji. Styczna część odwiertu wiercona jest wzdłuż zboczonej ścieżki wiertniczej do miejsca, które znajduje się tuż nad częścią zbiornikową, do tzw. punktu rozpoczęcia wydobycia. Od punktu rozpoczęcia odwiertu (punktu rozpoczęcia nachylenia) odwiert jest wiercony pod coraz większym kątem, łukując się pod kątem zbliżonym do poziomego. Punkt, w którym odwiert wchodzi (lub ląduje) do zbiornika, nazywany jest punktem wejścia. Stamtąd odwiert jest kontynuowany w orientacji zbliżonej do poziomej, z zamiarem utrzymania go zasadniczo w obrębie celu zbiornikowego, aż do osiągnięcia pożądanej długości poziomej penetracji.

Jednym z problemów przy wierceniu odwiertu poziomego jest zlokalizowanie punktu rozpoczęcia odwiertu w odpowiedniej odległości od zbiornika . Punkt rozpoczęcia odwiertu będzie zaplanowany na określoną głębokość powyżej prognozowanej głębokości strefy docelowej, tak aby było wystarczająco dużo miejsca na odwrócenie odwiertu, aby wejść do celu pod kątem zbliżonym do poziomego. Jeśli przewidywana strefa docelowa jest wysoka, istnieje szansa, że odwiert zostanie wykonany na całej długości zbiornika, zanim będzie mógł zawrócić na tyle szybko, by ustalić trajektorię poziomą. Jeśli strefa docelowa jest głębsza niż oczekiwano, wówczas przed wejściem do zbiornika można wykonać dość długi odcinek odwiertu pod bardzo dużym kątem. Często podczas wykonywania nowych lokalizacji odwiertów, geologia okaże się zupełnie inna od oczekiwanej, co odzwierciedla charakter niepewności złożowej. Mimo to, wynik pionowej penetracji interwału zbiornika jest znacznie bardziej przewidywalny niż w przypadku odwiertu poziomego. Przypadkowa niepewność geologiczna, która będzie miała stosunkowo niewielki wpływ na wynik wiercenia odwiertu pionowego, może spowodować poważne problemy z eksploatacją odwiertu poziomego.

2 Przegląd projektu trajektorii odwiertu

2.1 Projektowanie odwiertów poziomych

Studnia pozioma jest szczególnym rodzajem studni kierunkowej. Na ustalonej z góry głębokości odwiert jest wykopywany, a kąt nachylenia wynosi 90°. Głównymi powodami wiercenia poziomego są:

(1) Przecięcie wielu pionowych pęknięć w jednym odwiercie

(2) Większenie tempa produkcji w formacjach o niskiej przepuszczalności

(3) Zmniejszenie problemów z wodą i gazem stożkowym

(4) Większa całkowita poprawa sytuacji

(5) Szybsza wypłata

Problemy z odwiertami poziomymi obejmują dodatkowe koszty odwiertów oraz trudności z oceną formacji, jej ukończeniem i pracą nad usługami.

Studzienki poziome są klasyfikowane jako długie, średnie lub o krótkim promieniu, w zależności od tempa budowy od pionowego do poziomego. Wraz ze wzrostem tempa budowy, zmniejsza się promień krzywizny trajektorii odwiertu. Studzienki o dużym promieniu mają mniejsze tempo budowy i dlatego osiągają nachylenie 90° na dłuższym odcinku poziomym niż studnie o małym promieniu.

2.1.1 Duży promień

Metody projektowania o dużym promieniu są stosowane przede wszystkim w celu uzyskania większego zasięgu z podestów i w zastosowaniach, w których pożądane jest duże przemieszczenie poziome. Te odwierty są tak naprawdę tylko konwencjonalnymi studniami kierunkowymi z końcowym nachyleniem otworu 90°. Szybkość budowania wynosi zazwyczaj od 2° do 6° na 100 ft30,48 m 1.200.001 in. Po osiągnięciu nachylenia 90° można wywiercić ponad 4000 stóp1, 219,2 m odcinka poziomego.

BHAs stosowane do zapewnienia trajektorii odwiertu dla tego typu odwiertów są podobne do tych stosowanych przy konwencjonalnych wierceniach kierunkowych. Układy kierownicze z silnikami w wygiętych obudowach są z reguły stosowane zarówno w budownictwie, jak i w częściach poziomych. Slick BHAs z silnikami downhole są czasami używane do wiercenia poziomej części odwiertu.

2.1.2 Średni promień

W studniach poziomych o średnim promieniu stosuje się podobne metody i urządzenia opracowane dla studni o dużym promieniu, choć czasami w nieco inny sposób. Szybkość budowania wynosi od 8° do 20° na 100 ft30,48 m. 1200,001 cala, a maksymalny przekrój poziomy wiercony jest obecnie większy niż 4200 stóp. W przypadku konieczności budowy z prędkością większą niż około 15° na 100 ft30,48 m 1.200.001 in, stosuje się BHAs z podwójnym zagięciem. Typowe podwójne zgięcie BHA składa się z wygiętego silnika w obudowie i wygiętej części nad silnikiem. Generalnie, konfiguracja ta jest stosowana tylko w trybie ślizgowym, ponieważ obrót może powodować przedwczesne uszkodzenia otworów wiertniczych ze względu na duże cykliczne naprężenia zginające w BHA.

2.1.3 Krótki promień

Studnie poziome o krótkim promieniu wymagają innego wyposażenia niż studnie o dużym lub średnim promieniu. Stosowane są przegubowe ("wiggly") kołnierze wiertarskie, zapas biczowy z wyjmowanym zespołem pakującym oraz inne specjalne wyposażenie. Do zmiany z pionu na poziom w oknie o wysokości od 30 do 90 stóp potrzebna jest szybkość budowania od 1° do 3° na stopę. Typowe przekroje poziome rozciągają się na 200 do 400 stóp121,92 m 4 800,002 in, z rekordowym zasięgiem ponad 1200 stóp365,76 m. W szczególnych sytuacjach stosowane są elastyczne BHAs. Te BHAs ograniczają zasięg studni o krótkim promieniu, ale umożliwiają wiercenie wielu otworów spustowych z tego samego otworu pionowego.

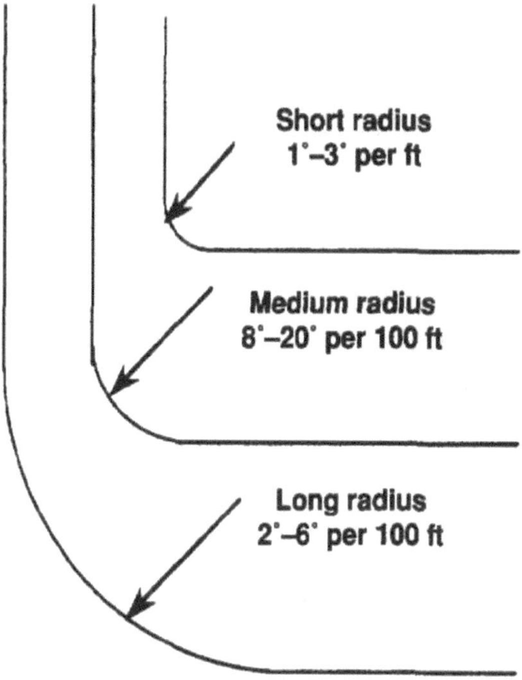

Rysunek 2.1 Trajektoria otworu wiertniczego

2.2 Projektowanie studni kierunkowych

2.2.1 Wiercenia kierunkowe

Wiercenie kierunkowe opisuje się jako ugięcie otworu wiertniczego w celu osiągnięcia wcześniej określonego celu pod powierzchnią ziemi". Na rysunku 2.2 pokazano główne parametry studni kierunkowej.

2.2.2 Definicje i terminologia

Wiercenia kierunkowe to metodyka kierowania odwiertu po wcześniej wyznaczonej trajektorii do celu. Studzienki pionowe są zwykle definiowane jako studzienki o nachyleniu w granicach 5°. Studnie o nachyleniu większym niż 60° są określane jako studnie o dużym odchyleniu. Studzienki o przekroju o nachyleniu większym niż 85° na znaczną odległość nazywane są studniami poziomymi. Użyto następującej terminologii:

（1）Azimuth:

Kąt (°) między kierunkiem północnym a płaszczyzną zawierającą linię pionową przechodzącą przez głowicę odwiertu i linię pionową przechodzącą przez cel.

（2）Wybudowana stawka:

Kąt od punktu początkowego jest stale budowany. To jest faza narastania. Szybkość narastania (°/30 m) jest szybkością, z jaką budowany jest kąt.

（3）Punkt zrzutu:

Głębokość, na której kąt otworu zaczyna spadać (tzn. ma tendencję do pionu).

（4）Postawienie:

Odległość pozioma między liniami pionowymi przechodzącymi przez cel i głowicę odwiertu.

（5）Inklinacja:

Kąt (°) wykonany przez styczną część otworu z pionem.

（6）Kick-off punkt (KOP):

Głębokość, na której odwiert jest najpierw odchylany od pionu.

（7）Mierzona głębokość (MD):

Głębokość (długość) studni na ścieżce odwiertu.

（8）Tangent sekcji:

Przekrój odwiertu, w którym ścieżka odwiertu utrzymywana jest na pewnym nachyleniu, z zamiarem posunięcia się do przodu zarówno w odcinku TVD, jak i pionowym. Krótkie sekcje styczne są budowane np. dla pomp zatapialnych w obudowach.

（9）Głębokość pionowa (TVD):

Odległość pionowa pomiędzy tuleją Kelly'ego (KB) a punktem pomiarowym.

（10）Odcinek pionowy (VS):

Wstępnie zdefiniowany kąt azymutu, wzdłuż którego oblicza się VS, zazwyczaj jest to kąt między północą a linią łączącą głowicę odwiertu z całkowitą głębokością, mierzony w rzucie poziomym.

（11）Dobra ścieżka:

Trajektoria odwiertu wierconego kierunkowo w trzech wymiarach.

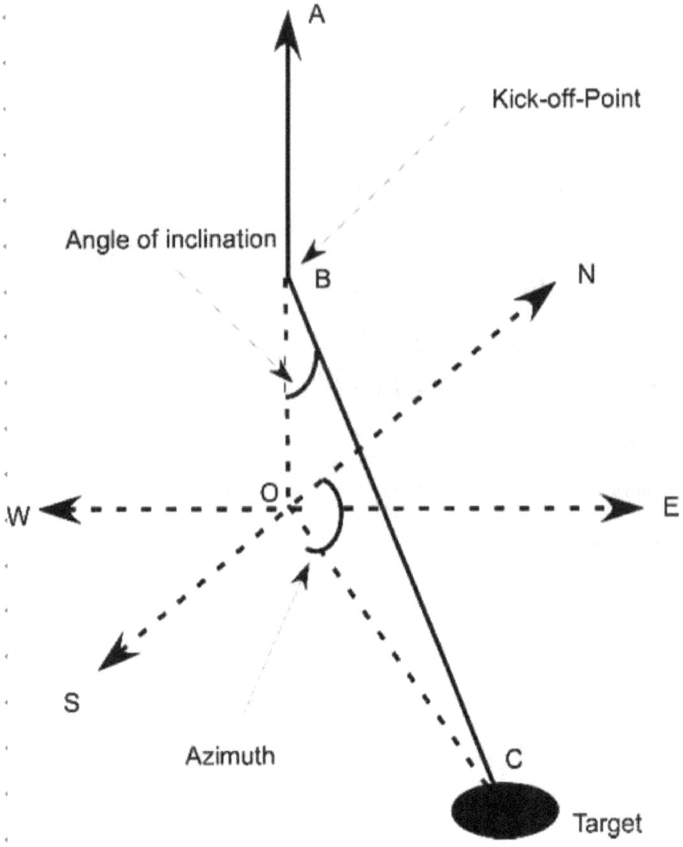

Rysunek 2.2 Parametry pomiarowe odwiertu kierunkowego

Zintegrowane środowisko dla geonauki i wiercenia - od projektowania odwiertów po geosterowanie w czasie rzeczywistym. Przepływ pracy

2.2.3 Projektowanie zautomatyzowane

Automatycznie generuj trajektorie odwiertów i lokalizacje platform dla zestawu celów zbiornikowych, aby zminimalizować całkowity koszt programu wierceń. Obiekty docelowe zdefiniowane jako "muszą trafić" w punkty danych dla zoptymalizowanych ścieżek odwiertu mogą być zablokowane na platformach, a docelowe zestawy platform mogą być ograniczone przez zamknięte granice. Automatycznie obliczane trajektorie studni są ograniczane przez zdefiniowaną przez użytkownika surowość nóg psa. Odpowiednie odwierty offsetowe, parametry wiercenia, zdarzenia i ryzyka związane z wierceniem, strefy zagrożenia, właściwości modelu terenu oraz dane geomechaniczne są ze sobą skorelowane. Wydobycie jest zbiorem zoptymalizowanych trajektorii opartych na geometrycznych ograniczeniach wiercenia, rozciągających się od złoża z powrotem na powierzchnię. Wskaźnik trudności wiercenia (Drilling Difficulty Index - DDI) stanowi pierwszą ocenę względnej trudności napotkanej podczas wykonywania odwiertu. Utworzone trajektorie można przekształcić na plany i precyzyjnie dostroić w celu lepszego rozmieszczenia lub wywiercenia ograniczeń.

2.2.4 Konstrukcja ręczna

Utwórz w oknie 3D cele wiercenia dla stref, które nowy odwiert będzie musiał przechwycić. Utwórz nowy odwiert i zaplanuj, a następnie zbuduj ścieżkę odwiertu, korzystając ze standardowych profili wiertniczych w arkuszu kalkulacyjnym programu Designer. Nową ścieżkę można zbudować z głowicy studni lub z celów. Arkusz kalkulacyjny programu Designer wskaże Ci, które parametry muszą być dodane, aby obliczenia zakończyły się sukcesem. W oknach 3D i 2D można wyświetlać ścieżkę studzienki w trakcie jej tworzenia. Za pomocą interaktywnego narzędzia 3D (dragera) można w razie potrzeby zmodyfikować położenie ścieżki studzienki. Można utworzyć wiele scenariuszy planu dla tego samego odwiertu i wybrać taki, który będzie używany do wiercenia (plan aktywny). Każdy plan można wyeksportować lub skopiować do arkusza kalkulacyjnego programu Microsoft Excel w celu dodatkowej analizy i udostępnienia go innym użytkownikom. Na koniec można wygenerować raport z planu odwiertu gotowy do programów wiertniczych lub innych potrzeb raportowania.

Połączenie danych geomechanicznych dotyczących złóż i odwiertów nie tylko pozwala na zmniejszenie NPT w wyniku utraty cyrkulacji, utknięcia rury i kontroli nad odwiertem, ale także zapewnia podejście do projektowania odwiertu na zasadzie "life-of-field". Takie podejście minimalizuje wpływ zagęszczania i osiadania na studnie przez cały okres ich eksploatacji.

2.2.5 Szablony odwiertów

Szablony odwiertów pozwalają na szybkie zaprojektowanie planu odwiertów za pomocą predefiniowanych szablonów, takich jak otwory pionowe, w kształcie litery J i S. Można również łatwo zaprojektować plan studni odciążającej dla studni docelowej, korzystając z szablonu ścieżki studni odciążającej.

2.2.6 Pozycjonowanie studni

Przy każdym badaniu odwiertu, błędy pomiarowe pochodzące z różnych źródeł wprowadzają pewien stopień niepewności co do rzeczywistej pozycji odwiertu. Przepływ pracy na stanowisku wiertniczym pozwala na zdefiniowanie programu pomiarowego dla planu lub pomiaru oraz wizualizację niepewności trajektorii poprzez obliczenie i wyświetlenie elipsoidy niepewności (EOU) i objętości niepewności (VOU).

Korzyści:

(1) Skrócenie do minimum czasu potrzebnego na opracowanie nowych planów odwiertów

(2) Minimalizacja całkowitego kosztu programu wiercenia

(3) Poprawa wydajności wiercenia

(4) Osiągnięcie lepszej lokalizacji

(5) Tworzenie bardziej produktywnych odwiertów

(6) Zmniejszenie ryzyka i niepewności

(7) Wzmocnienie wspólnego modelu ziemskiego w nadkładach, przy jednoczesnym geosterowaniu w zbiorniku.

Cechy:

(1) Szybkie projektowanie odwiertów wiertniczych, ścieżek bocznych i wielowarstwowych w kontekście trójwymiarowego modelu ziemi

(2) Interaktywne planowanie nowych ścieżek odwiertów w 3D, bezpośrednio na liniach sejsmicznych, modelach własności, mapach węglowodorów na miejscu, a nawet wynikach symulacji

(3) Automatyczne generowanie trajektorii odwiertów i lokalizacji platform w ramach ograniczeń określonych przez użytkownika.

4) Tworzenie natychmiastowych raportów z odwiertów i syntetycznych rejestrów otworowych

(5) Tworzenie celów wiertniczych na potrzeby planowania nowych odwiertów

(6) Planowanie nowych ścieżek odwiertów z wykorzystaniem standardowych profili wiertniczych

(7) Szablony trasy odwiertu do szybkiego projektowania odwiertów

(8) Stworzenie wielu scenariuszy planów odwiertów w celu przeprowadzenia lepszej analizy

(9) Sporządzenie raportu z planu odwiertu gotowego do programów wierceń

10) interaktywna edycja węzłów odwiertu w oknie 3D za pomocą narzędzi "przeciągania" lub "inspektora

(11) Dokładne dostosowanie planów odwiertów za pomocą arkusza kalkulacyjnego programu Designer

(12) Wywóz, przywóz i kopiowanie wygenerowanych ścieżek z odwiertów przy użyciu różnych metod, w tym WITSML

(13) Wyświetlanie segmentów ścieżek, które wykraczają poza określony stopień nasilenia nóg psa.

(14) Ścieżki eksportu wygenerowanych odwiertów do wykorzystania w pakietach wiertniczych i symulacji złóż

(15) Trajektorie przywozowe i cele z bazy danych EDM Landmark

16) Importowanie zespołów otworów dennych do analizy w oknach sekcji odwiertu

(17) Tworzenie, import, kopiowanie i zarządzanie zdarzeniami związanymi z wierceniem i ryzykiem w celu przeprowadzenia dokładnej analizy odwiertu offsetowego

(18) Wizualizacja zagrożeń w oknach 3D/2D i sekcjach odwiertów

(19) Przesyłanie strumieniowe danych z odwiertów w czasie rzeczywistym w celu podjęcia decyzji i modyfikacji modeli odwiertów wstępnych

(20) Zdefiniowanie programów pomiarowych i wyświetlenie elipsoidy niepewności (EOU) dla planu lub badania

2.3 Główne rodzaje trajektorii odwiertów

Pierwszym etapem planowania odwiertu kierunkowego jest określenie, gdzie znajduje się cel (cele) w odniesieniu do lokalizacji wiertni. W przypadku wiercenia, pochodzenie trajektorii jest pobierane ze stołu obrotowego. W związku z tym lokalizacja celu, która jest w większości przypadków określana przez dział produkcji na współrzędnych UTM lub Lat/Long, musi zostać przeliczona na "Northing" i "Easting" w odniesieniu do stołu obrotowego. Głębokość celu, która może być odniesiona do poziomu gruntu, średniego poziomu morza lub poziomu lustra wody, musi być również odniesiona do stołu obrotowego. Należy zwrócić uwagę, że wysokość stołu obrotowego jest specyficzna dla danej platformy, a w przypadku konieczności ponownego wprowadzenia starego odwiertu lub wiercenia ścian bocznych, badanie starego odwiertu odnosi się do wysokości stołu obrotowego platformy, na której był on wiercony, która może się różnić od późniejszego wykorzystania. Po dokonaniu tych identyfikacji i korekt trajektoria jest planowana w taki sposób, aby określony cel został osiągnięty z lokalizacji na powierzchni. Widoki planowanej trajektorii pokazują i zawierają wartości dla położenia stołu obrotowego, kopnięcia punktu (punktów), końca punktu (punktów) budowy, punktu (punktów) opadania, końca punktu (punktów) opadania, jak również celu w TVD (prawdziwej głębokości pionowej), MD (zmierzonej głębokości), nachylenia, azymutu i odjazdu poziomego. Poza tymi "znaczącymi punktami" tworzona jest ankieta, w której wymienione powyżej wartości są wyszczególnione jako ciąg punktów o stałej różnicy MD (lub w razie potrzeby bliższych, np. w odstępach czasu na zakręcie).Na podstawie podstawowych, dwuwymiarowych trajektorii zostały ustalone przez branżę do realizacji praktycznych:

(1) Trajektoria budowy i utrzymania,

(2) Trajektorie typu "buduj i trzymaj i buduj" (podwójnej budowy),

(3) Trajektorie typu "zbuduj i zatrzymaj" (S),

(4) Trajektoria zrzucania i przytrzymywania (zmodyfikowane S).

2.3.1 Przy trajektoriach typu 1

Odwiert jest wykopywany na określonej głębokości; nachylenie jest budowane do pewnej ilości (koniec budowy) i utrzymywane do momentu osiągnięcia celu. Ten typ profilu jest często stosowany, gdy wymagane jest duże przemieszczenie poziome na stosunkowo niewielkiej głębokości docelowej. Ponieważ nie ma większych zmian w nachyleniu lub azymucie po zakończeniu budowy sekcji, istnieje mniej problemów z kierunkiem tego profilu, takich jak pies-noga, kluczowe siedzenia, itp.

2.3.2 Przy trajektoriach typu 2

Odwiert jest wykopywany na określonej głębokości i nachylenie jest zabudowywane do pewnej ilości (koniec budowy). Następnie nachylenie to jest utrzymywane aż do osiągnięcia drugiego kopnięcia punktu, nachylenie to jest ponownie budowane do pewnej ilości (koniec budowy) i utrzymywane aż do osiągnięcia celu.

Ten typ trajektorii jest preferowany w przypadku stosunkowo dużych przemieszczeń poziomych, które są osiągane w pierwszej sekcji gospodarstwa. Ta część podtrzymująca jest zwykle projektowana z kątem nachylenia od 30 do 40°, ponieważ w ramach tych wartości, wygodna jest ścisła kontrola nad przebiegiem trajektorii. Po drugim interwale budowlanym często planuje się wykonanie studni poziomych lub prawie poziomych.

2.3.3 Przy trajektoriach typu 3

Odwiert jest wykopywany na określonej głębokości; nachylenie jest budowane do pewnej ilości (koniec budowy) i utrzymywane aż do osiągnięcia punktu opadania. Od punktu zrzutu do końca punktu zrzutu nachylenie jest zredukowane do zera stopni i studnia jest kontynuowana aż do momentu, gdy cel zostanie trafiony pionowo. Tutaj oczekuje się dodatkowego momentu obrotowego i oporu dzięki dodatkowemu wygięciu. Ten typ profilu jest stosowany, gdy cel jest głęboki, ale przemieszczenie poziome jest stosunkowo małe. Ma również zastosowanie przy wykonywaniu odwiertu przecinającego wiele stref wydobycia lub przy wierceniu odwiertów odciążających, gdzie konieczne jest prowadzenie prac równolegle z odwiertem wydmuchowym.

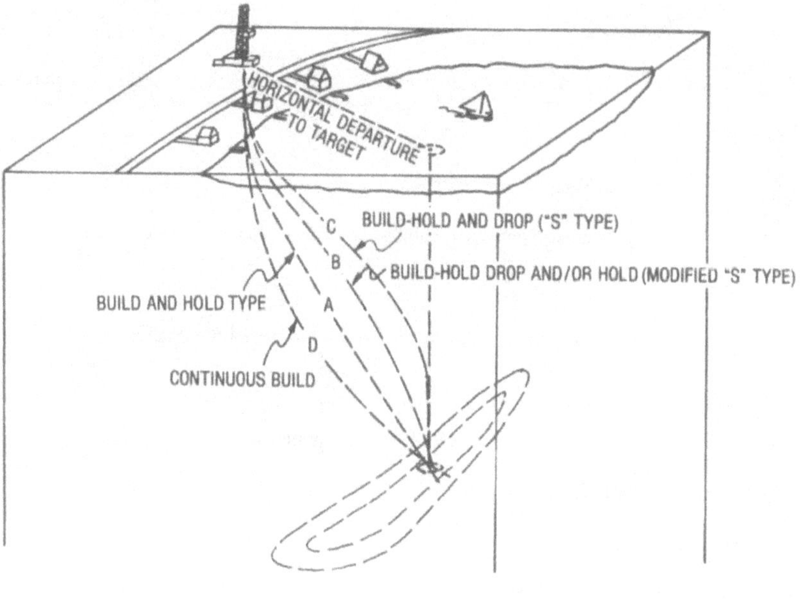

Rysunek 2.3 Różne rodzaje trajektorii podstawowych (2D)

2.3.4 Przy trajektoriach typu 4

Odwiert jest wykopywany na określonej głębokości; nachylenie jest budowane do pewnej ilości (koniec budowy) i utrzymywane aż do punktu opadania. Od punktu zrzutu do końca punktu zrzutu nachylenie jest zredukowane, ale inaczej niż trajektorie typu 3, a nie do zera stopni. Następnie nachylenie jest utrzymywane do momentu przechwycenia celu. Zastosowania i właściwości tego typu studni są podobne do zastosowań i właściwości typu 3.

Wraz z tymi podstawowymi typami trajektorii, tzw. trajektorie nośne (zaprojektowane w celu zminimalizowania momentu obrotowego i oporu) oraz ogólne trajektorie 3D, które obracają się w przestrzeni kosmicznej, są dziś powszechnie stosowane. Dla samego planowania trajektorii należy mieć na uwadze zasadę kciuka:

(1) Typ "buduj i trzymaj" jest najmniej kosztowny ze wszystkich typów trajektorii i najłatwiejszy do przewiercenia.

(2)Dla danego TVD i odchylenia poziomego celu, im wyższe kopnięcie punktu, tym mniejsze są kąty nachylenia, mniejsza budowa i mniejsza całkowita wartość MD jest konieczna do osiągnięcia celu.

(3)Jeśli jest to uzasadnione, dobrą praktyką jest projektowanie kątów nachylenia między 30° a 40°.

(4)Należy unikać kątów nachylenia mniejszych niż 15°, ponieważ są one trudne do opanowania.

(5)Głęboki punkt kopnięcia ma pewne wady:

a) Formacja będzie prawdopodobnie trudniejsza i mniej wrażliwa na ugięcie,

b) Aby zmienić BHAs podczas śledzenia bocznego, potrzeba więcej czasu na zadziałanie,

c) Szybkość narastania jest trudniejsza do kontrolowania.

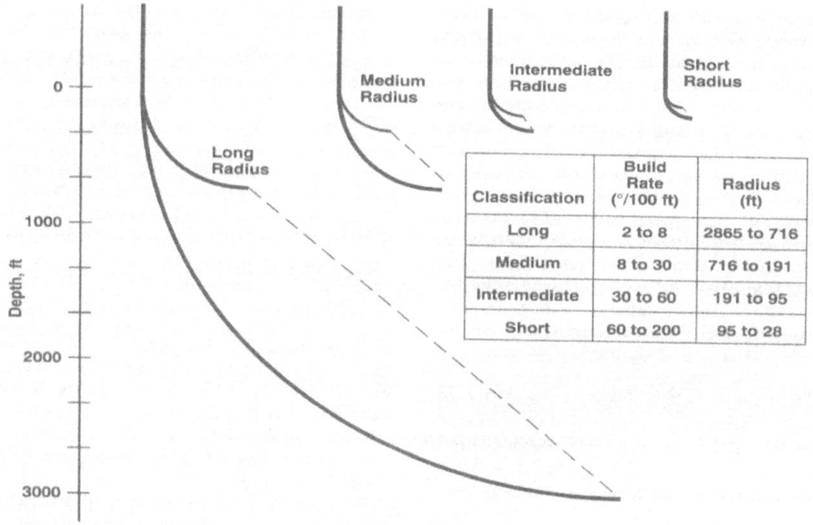

Classification	Build Rate (°/100 ft)	Radius (ft)
Long	2 to 8	2865 to 716
Medium	8 to 30	716 to 191
Intermediate	30 to 60	191 to 95
Short	60 to 200	95 to 28

Rysunek 2.4 Klasyfikacja przekroju zabudowy według zastosowanego współczynnika przyrostu

Zanim zostaną omówione różne rodzaje trajektorii i metody obliczania badań, należy zdefiniować różne często używane terminy. Poniższe definicje zakładają, że pozycja RKB znajduje się w centrum wybranego systemu koordynacji.

(1) Nic:

Odległość pozioma między jednym punktem badania a RKB, mierzona na północy. Odległość od południa jest zazwyczaj oznaczana jako ujemna.

(2)Wschód:

Odległość pozioma między jednym punktem badania a RKB, mierzona na wschodzie. Odległość od Zachodu jest na ogół określana jako ujemna. True Vertical Depth: Odległość pionowa jednego punktu pomiarowego od RKB.

(3)Odlot poziomy:

Odległość pozioma między jednym punktem badania a RKB, na poziomie punktu badania.

(4)Azymut:

Kąt poziomy (0-2. π), mierzony zgodnie z ruchem wskazówek zegara od prawdziwej północy do stycznej trajektorii w tym punkcie pomiarowym.

(5)Inklinacja:

Kąt między składową pionową stycznej trajektorii w punkcie pomiarowym a osią pionową. Tak więc studnia pionowa i nachylenie 0, studnia pozioma i nachylenie $\pi/2$.

(6)Zmierzona głębokość:

Rzeczywista długość trajektorii, począwszy od RKB aż do punktu badania.

(7)Sekcja pionowa:

Wyjście poziome punktu badania rzutowane na widok pionowy. W ten sposób odcinek pionowy jest zawsze mniejszy lub równy odjazdowi w poziomie.

2.4 Obliczanie trajektorii lotu

Poniżej przedstawiono obliczenia dla promienia krzywizny (r_1), maksymalnego kąta nachylenia (θ), zmierzonej głębokości i odchylenia poziomego dla przedziałów czasu narodzin, jak również zmierzonej głębokości i odchylenia poziomego dla przedziałów czasu narodzin dla różnych podstawowych typów trajektorii.

2.4.1 Trajektoria budowy i utrzymania

Ten rodzaj trajektorii jest najczęściej spotykany w branży, gdy tylko ma zastosowanie. Rysunek 2.3.1 przedstawia ten typ trajektorii, gdzie $X_3 <$. TVD i odejście celu w poziomie oznacza się, D_3 X_3 odpowiednio, TVD punktu kopnięcia, a TVD punktu jest określone przez D_1 . Wszystkie pozostałe parametry są obliczane za pomocą następujących równań:

2.4.2 Promień krzywizny

$$r_1 = \left(\frac{180}{\pi}\right) x \left(\frac{1}{q}\right) \tag{2-1}$$

Gdzie:

q [°/ft] ... szybkość narastania lub kąt nachylenia narastania

r_1 ...promień krzywizny...

2.4.3 Maksymalny kąt nachylenia (θ w [°])

$$\theta = \sin^{-1}\left[\frac{r_1}{\sqrt{(r_1 - X_3)^2 + (D_3 - D_1)^2}}\right] - \tan^{-1}\left(\frac{r_1 - X_3}{D_3 - D_1}\right) \tag{2-2}$$

Mierzona głębokość i poziomy odjazd wzdłuż nagromadzenia są obliczane za pomocą:

$$\left(D_{M_1}\right)_{Build} = D_1 + \frac{\theta_i'}{q} \tag{2-3}$$

$$\left(X_i\right)_{Build} = r_1\left(1 - \cos\theta_i'\right) \tag{2-4}$$

Gdzie, $\theta_i' = \theta$ na końcu budowy

$$\theta_i' = \sin^{-1}\left(\frac{D_i}{D_1 + r_1}\right) \tag{2-5}$$

Wzdłuż interwału utrzymywania, mierzona głębokość i odjazd poziomy są:

$$\left(D_{M_i}\right)_{Hold} = D_1 + \frac{\theta}{q} + \frac{D_i - D_1 - r_1.\sin\theta}{\cos\theta} \tag{2-6}$$

$$\left(X_i\right)_{Hold} = r_1.(1-\cos\theta) + \left(D_i - D_1 - r_1.\sin\theta\right)\tan\theta \tag{2-7}$$

Gdzie . $D_i[ft]$...pionowa głębokość w punkcie i wzdłuż nagromadzenia lub przerwy w trzymaniu

2.4.4 Trajektoria zabudowy (S) Trajektoria zabudowy

Maksymalne kąty nachylenia można obliczyć za pomocą następujących równań:

Dla $r_1 + r_2 > X_4$:

$$\theta = \tan^{-1}.\left(\frac{D_4 - D_1}{r_1 + r_2 - X_4}\right) - \cos^{-1}\left\{\left(\frac{r_1 + r_2}{D_4 - D_1}\right).\sin\left[\tan^{-1}.\left(\frac{D_4 - D_1}{r_1 + r_2 - X_4}\right)\right]\right\} \tag{2-8}$$

I dla $r_1 + r_2 < X_4$:

$$\theta = \theta - \tan^{-1}.\left(\frac{D_4 - D_1}{X_4 - (r_1 + r_2)}\right) - \cos^{-1}\left\{\left(\frac{r_1 + r_2}{D_4 - D_1}\right).\sin\left[\tan^{-1}.\left(\frac{D_4 - D_1}{X_4 - (r_1 + r_2)}\right)\right]\right\} \tag{2-9}$$

Podczas zastępowania przez X_4 i $X_5 + r_2.(1-\cos\theta')$przez D_4 $D_5 + r_2.\sin\theta'$, powyższe równania mogą być używane do obliczania zmodyfikowanej trajektorii typu S.

2.5 Parametry trajektorii i konstrukcji obudowy mojego odwiertu

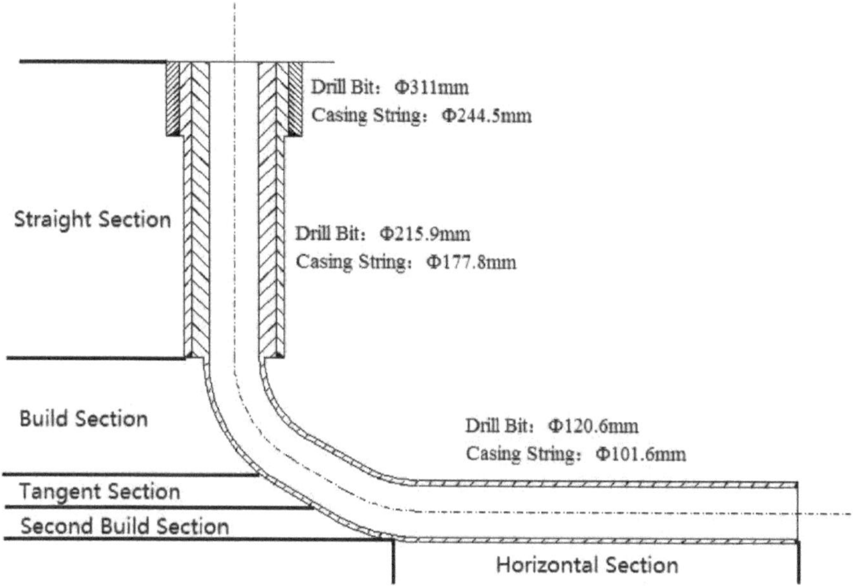

Rysunek 2.5 Parametry projektowe trajektorii i obudowy

Tabela 2.1 Parametry projektowe trajektorii otworu wiertniczego

Projekt trajektorii otworu wiertniczego			
Głębokość	Głębokość pionowa	Inklinacja	Kąt azymutu
0	0	0	0
80	80	0	0
100	100	0	0
200	200	0	0
300	300	0	0
400	400	0	0
420	420	0	0
450	434.32375	7.5	0
480	448.6475	15	0
510	462.97125	22.5	0
540	477.295	30	0
570	491.61875	37.5	0
600	505.9425	45	0
630	520.26625	52.5	0
660	534.59	60	0

754.06	581.62	60	0
784.06	589.296	66	0
814.06	596.972	72	0
844.06	604.648	78	0
874.06	612.324	84	0
974.06	620	90	0
1074.06	620	90	0
1174.06	620	90	0
1274.06	620	90	0
1374.06	620	90	0
1474.06	620	90	0
1574.06	620	90	0
1674.06	620	90	0
1774.06	620	90	0
1874.06	620	90	0
1974.06	620	90	0

Notatki:

①The nachylenie azymutu jest zerowe, ponieważ nie znamy stanu geologicznego odwiertu, a ponadto warstwa docelowa jest płaska. Tak więc możemy zdecydować się na ustawienie naszego azymutu nachylenia w każdym direction, it's do nas.

Tabela ②This jest tylko ilustracją. Jednostka wiertła i obudowy to mm.

Tabela 2.2 Parametry ciągu przewodów obudowy

	Parametry sznurka obudowy			
Głębokość	Wellbore	Uwagi	Wiertło	Obudowa
0	rozmiar 1		311.1	244.5
80				
100				
200		Prosto		
300	rozmiar 2.		215.9	177.8
400				
420				
450				
480				
510				
540	rozmiar 3.	Zbuduj	120.6	101.6
570				
600				
630				
660				

754.06	Tangent
784.06	
814.06	
844.06	budowa 2.
874.06	
974.06	
1074.06	
1174.06	
1274.06	
1374.06	
1474.06	Horyzontalny
1574.06	
1674.06	
1774.06	
1874.06	
1974.06	

3 Konstrukcja sznurka obudowy

3.1 Przegląd ciągu znaków na obudowie

Aby zaprojektować sznur osłonek, trzeba mieć wiedzę na ten temat:

(1) Przeznaczenie odwiertu

(2) Przekrój geologiczny

(3) Dostępne rozmiary obudowy i bitów

(4) Cementowanie i wiercenia

(5) Wydajność sztabek

(6) Przepisy dotyczące bezpieczeństwa i ochrony środowiska

Aby uzyskać optymalne rozwiązanie, projektant musi rozważyć wykonanie obudowy jako części całego systemu wiercenia. Następnie przedstawiony jest krótki opis elementów biorących udział w procesie projektowania.

3.1.1 Cel projektu

Inżynier odpowiedzialny za opracowanie planu odwiertu i projektu obudowy stoi przed szeregiem zadań, które można krótko scharakteryzować.

(1) Zapewnienie integralności mechanicznej odwiertu poprzez zapewnienie podstawy projektowej uwzględniającej wszystkie przewidywane obciążenia, jakie mogą wystąpić w trakcie eksploatacji odwiertu.

(2) Opracowanie ciągów technologicznych minimalizujących koszty eksploatacji odwiertu w całym okresie jego eksploatacji.

3) Dostarczyć personelowi eksploatacyjnemu na terenie odwiertu jasną dokumentację podstawy projektowej. Pomoże to zapobiec przekroczeniu projektowanej obwiedni przez zastosowanie obciążeń nieuwzględnionych w pierwotnym projekcie.

Celem jest zapewnienie niezawodnej budowy studni przy minimalnych kosztach, ale czasami zdarzają się awarie. Większość udokumentowanych awarii występuje, ponieważ rura była narażona na obciążenia, dla których nie została zaprojektowana. Te awarie nazywane są awariami "off-design". Awarie "On-design" są raczej rzadkie. Oznacza to, że praktyki w zakresie projektowania osłonek są w większości konserwatywne. Wiele awarii pojawia się na połączeniach. Oznacza to, że albo praktyka wykonywania makijażu w terenie nie jest odpowiednia, albo podstawa projektowa połączenia nie jest zgodna z podstawą projektową korpusu rury.

3.1.2 Metoda projektowania

Proces projektowania można podzielić na dwie odrębne fazy:

(1)Projekt wstępny

Zazwyczaj największe możliwości zaoszczędzenia pieniędzy istnieją podczas wykonywania tego zadania. Ta faza projektowania obejmuje:

a) Gromadzenie i interpretacja danych

b) Określenie głębokości obuwia osłony i liczby sznurków osłony

c) Wybór wielkości otworów i osłonek

d) Konstrukcja z zastosowaniem masy błotnistej

e) Konstrukcja kierunkowa

Jakość gromadzonych danych będzie miała duży wpływ na odpowiedni dobór rozmiarów osłonek i głębokości buta oraz na to, czy cel projektu osłonki zostanie osiągnięty.

(2) Projekt szczegółowy

Faza projektu wykonawczego obejmuje dobór ciężarków i gatunków rur dla każdego ciągu osłonowego. Proces doboru polega na porównaniu wartości znamionowych rur z obciążeniami projektowymi i zastosowaniu minimalnych dopuszczalnych norm bezpieczeństwa (tj. współczynników projektowych). Ekonomiczny projekt spełnia wszystkie kryteria projektowe z najtańszą dostępną rurą.

(3) Wymagane informacje

Następne pozycje to lista kontrolna, która jest dostarczana w celu ułatwienia planistom/ projektantom obudowy zarówno w projekcie wstępnym, jak i szczegółowym.

a) Właściwości formowania: ciśnienie porów; ciśnienie pęknięcia formacji; wytrzymałość formowania (pęknięcie odwiertu); profil temperaturowy; lokalizacja stref wyciskania soli i łupków; lokalizacja stref przepuszczalnych; stabilność chemiczna/wrażliwe łupki (typ płuczki i czas ekspozycji); strefy utraconej cyrkulacji, płytki gaz; lokalizacja piasków słodkowodnych; oraz obecność H2S i/lub CO_2.

b)Dane dotyczące kierunku: położenie na powierzchni; cel(-e) geologiczny(-e); oraz dane dotyczące zakłóceń w odwiercie.

c)Minimalne wymagania dotyczące średnicy: minimalna wielkość otworu wymagana do osiągnięcia celów wiercenia i produkcji; zewnętrzna średnica narzędzia pomiarowego (OD); wielkość rur; wymagania dotyczące podkładki i związanego z nią wyposażenia; OD podpowierzchniowego zaworu bezpieczeństwa (odwiertu morskiego); oraz wymagania dotyczące zakończenia prac.

d)Dane dotyczące produkcji: gęstość płynu pakującego; skład płynu wyprodukowanego; oraz najgorsze obciążenia, które mogą wystąpić podczas wykańczania, produkcji i pracy nad operacjami.

e)Inne: dostępny wykaz, wymogi prawne i ograniczenia dotyczące wyposażenia platformy.

(4) Metoda wstępnego projektowania

Celem wstępnego projektu jest ustalenie:

a) Obudowa i odpowiednie rozmiary wierteł

b) Głębokość ustawienia obudowy

c)Liczba sznurków osłonowych. Program obudowy (plan odwiertu) jest otrzymywany w wyniku wstępnego projektu. Projektowanie programu obudowy odbywa się w trzech głównych krokach:

(d)Program błotny jest przygotowany

(e)Określono rozmiary obudowy i odpowiadające im rozmiary wierteł

f)Głębokość ustawienia poszczególnych sznurów osłonowych znajduje się

(5) Program błotny

Najważniejszym parametrem programu błotnego używanym przy projektowaniu obudowy jest "masa błotna". Kompletny program błotny jest określony na podstawie:

a)Ciśnienie pary

b) Wytrzymałość na formowanie się (pęknięcie i stabilność otworu)

c) Litologia

d) Zdolność do i transportu ścinków

e) Potencjalne uszkodzenia formacji, problemy ze stabilnością i tempo wiercenia

f) Wymóg oceny formacji

g) Wymogi środowiskowe i regulacyjne

(6) Średnice otworów i rur

Średnice otworów i osłonek są oparte na wymaganiach omówionych poniżej.

(7) Produkcja

Wymagania dotyczące urządzeń produkcyjnych obejmują:

a) Przewody rurowe

b) Podpowierzchniowy zawór bezpieczeństwa

c) Wielkość trzpienia pompy głębinowej i podnośnika gazowego

d) Wymagania dotyczące wykończenia (np. pakowanie w żwir)

e)Ważenie korzyści wynikających ze zwiększonej wydajności większych przewodów rurowych w porównaniu z wyższym kosztem większej obudowy w całym okresie eksploatacji odwiertu

(8) Ocena

Wymagania dotyczące oceny obejmują interpretację pozyskania drewna i średnice narzędzi.

(9) Wiercenie

Wymagania dotyczące wiercenia obejmują:

1) Minimalna średnica wiertła zapewniająca odpowiednią kontrolę kierunkową i wydajność wiercenia

2) Dostępne urządzenia dołkowe

3) Specyfikacja sztabki

4) Dostępne urządzenia zapobiegające wydmuchiwaniu (BOP)

Wymagania te mają zwykle wpływ na ostateczną średnicę otworu lub osłony. Z tego powodu rozmiary obudowy powinny być określane od wewnątrz na zewnątrz, począwszy od dna otworu. Kolejność projektowania jest zazwyczaj następująca:

a) Wybór odpowiedniego rozmiaru przewodów jest dokonywany na podstawie wydajności wlotu do zbiornika i wlotu przewodów.

b) Wymagana wielkość osłony produkcyjnej jest określana z uwzględnieniem wymogów kompletacji

c) Średnica wiertła jest wybierana do wiercenia sekcji produkcyjnej otworu, z uwzględnieniem postanowień dotyczących wiercenia i cementowania

d) określa się najmniejszą osłonę, przez którą przechodzi wiertło

e) Proces jest powtarzany

Duża oszczędność kosztów jest możliwa dzięki bardziej agresywnemu podejściu (wykorzystaniu mniejszych luzów) w tej części fazy wstępnego projektowania. Jest to jedna z głównych motywacji w zwiększonej popularności wiercenia wąskich otworów. Typowe wielkości obudów i bitów skalnych podano w tabeli 3.1.

Tabela 3.1 Szczegółowa metoda projektowania

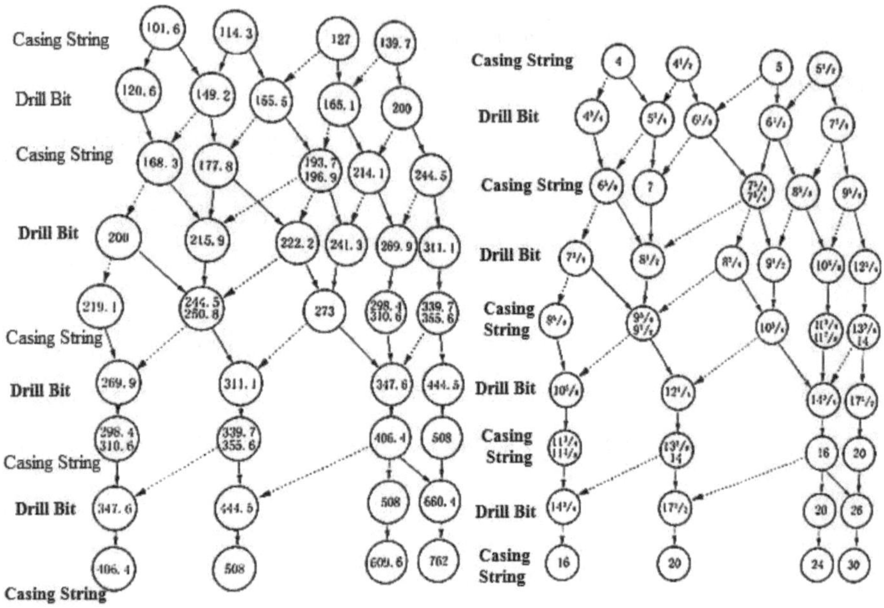

(a) mm (b) in

(10) Skrzynie ładunkowe

Aby dobrać odpowiednie ciężary, stopnie i połączenia w fazie szczegółowego projektu, stosując rozsądną ocenę techniczną, należy ustalić kryteria projektowe. Kryteria te składają się zazwyczaj z przypadków obciążeń i odpowiadających im współczynników projektowych, które są porównywane z wartościami znamionowymi rur. Skrzynie ładunkowe są zazwyczaj umieszczane w kategoriach, które obejmują:

a) Ładunki wybuchowe

b) Obciążenia wiertnicze

c) Obciążenia produkcyjne

d) Obciążenia załamujące się

e) Obciążenia osiowe

f) Obciążenia biegowe i cementowe

g) Obciążenia użytkowe

Współczynniki projektowe (DF)

$$DF = SF_{\min} \leq SF = \frac{pipe\_rating}{applied\_load} \text{............................} \quad (3\text{-}1)$$

Gdzie:

DF = współczynnik projektowy (minimalny dopuszczalny współczynnik bezpieczeństwa), oraz

SF = współczynnik bezpieczeństwa.

Wynika z tego, że

Rur.............................a DF x (obciążenie użytkowe) ($\leq$3-2)

Dlatego też, poprzez pomnożenie obciążenia przez DF, można dokonać bezpośredniego porównania z wartością znamionową rury. Tak długo, jak wartość znamionowa jest większa lub równa zmodyfikowanemu obciążeniu (które nazywamy obciążeniem obliczeniowym), kryteria obliczeniowe są spełnione.

(11) Inne względy

Po wykonaniu projektu w oparciu o względy rozerwania, zawalenia i osiowe, uzyskuje się wstępny projekt. Przed osiągnięciem ostatecznego projektu należy zająć się kwestiami projektowymi (dobór połączeń, zużycie i korozja). Ponadto w projekcie można uwzględnić również inne względy. Rozważania te to naprężenia trójosiowe spowodowane połączonym obciążeniem (np. balonowanie i efekty termiczne) - często nazywane są one "analizą żywotności"; inne efekty temperaturowe; oraz wyboczeniem.

(12) Obciążenia na sznurkach osłonowych i przewodów rurowych

Do oceny danego projektu obudowy niezbędny jest zestaw obciążeń. Obciążenia obudowy wynikają z:

1) Prowadzenie osłony

2) Cementowanie osłony

3) Kolejne wiercenia

4) Produkcja i prace nad eksploatacją

Obciążenia obudowy to przede wszystkim obciążenia ciśnieniowe, mechaniczne i termiczne. Obciążenia ciśnieniowe wytwarzane są przez ciecze w obrębie okładziny, cement i ciecze poza okładziną, obciążenia ciśnieniowe wywierane na powierzchnię przez wiercenia i prace eksploatacyjne oraz obciążenia ciśnieniowe wywierane przez formację podczas wiercenia i eksploatacji.

Związane są z tym obciążenia mechaniczne:

5) Obciążnik do zawieszania obudowy

6) Obciążenia udarowe podczas jazdy

7) Obciążenia pakowacza podczas produkcji i pracy

8) Ładunki zawieszane

Zmiany temperatury i wynikające z nich obciążenia cieplne związane z rozszerzalnością cieplną są wywoływane w obudowie poprzez wiercenie, produkcję i nadmierną eksploatację, a obciążenia te mogą powodować obciążenia wyboczeniowe (naprężenia zginające) w nie wymuszonych odstępach czasu.

Obciążenia obudowy, które są zwykle stosowane we wstępnym projekcie obudowy, są następujące:

Zewnętrzne obciążenia ciśnieniowe, wewnętrzne obciążenia ciśnieniowe, obciążenia mechaniczne, obciążenia termiczne i efekty temperaturowe.

Jednak każda firma obsługująca ma zazwyczaj swój własny zestaw specjalnych obciążeń projektowych dla obudów, bazując na ich doświadczeniu. Jeżeli projektujecie Państwo strunę osłonową dla konkretnej firmy, należy od nich uzyskać te informacje o obciążeniach. Ponieważ istnieje tak wiele możliwych obciążeń, które muszą być ocenione, większość dzisiejszych projektów obudów jest wykonywana za pomocą programów komputerowych, które generują odpowiednie zestawy obciążeń (często niestandardowe dla danego operatora), oceniają wyniki, a czasami mogą automatycznie określić minimalny koszt projektu.

Koszty rur okładzinowych stanowią jedną z największych pozycji kosztowych projektu wiertniczego. Dlatego też właściwe zaplanowanie głębokości osadzania obudowy i dobór obudowy ma kluczowe znaczenie dla realizacji studni ekonomicznej i bezpiecznej. Same obudowy spełniają wiele funkcji, które można podsumować jako:

a) Izolować formacje porowate o różnych reżimach ciśnienia cieczy od zanieczyszczeń strefy opłacania

b) Unikać zanieczyszczenia płuczką wiertniczą stref słodkich wód powierzchniowych.

c) Zabezpieczyć otwór przed zapadnięciem się

d) zapewnić podłączenie i wsparcie urządzeń głowicy odwiertu

e) Dostarczyć dokładne wymiary dla prób eksploatacyjnych, wykończeniowych i produkcyjnych urządzeń podpowierzchniowych.

3.2 Rodzaje obudów

W zależności od różnych funkcji, całkowity program obudowy składa się z różnych ciągów obudów.

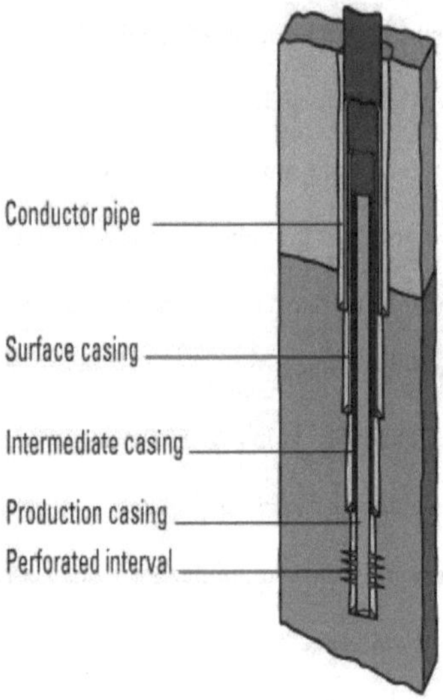

Rysunek 3.1 Program obudowy

3.2.1 Obudowa żyły

Funkcją przewodnika jest umożliwienie cyrkulacji płynu wiertniczego do wytrząsarki łupków bez erozji osadów powierzchniowych bezpośrednio pod fundamentem wiertnicy. Przewód ten zapobiega korozji kolejnych osłon i może częściowo podtrzymywać ciężar głowicy odwiertu. Zazwyczaj diverter jest instalowany na górze obudowy przewodnika w celu skierowania nieoczekiwanego napływu płynów formacyjnych do otworu wiertniczego z dala od miejsca instalacji i osób prywatnych. Głębokość ustawienia przewodów wynosi od 150 do 600 [ft], a ich rozmiary od 36 do 20 [in].

3.2.2 Obudowa powierzchniowa

Zadaniem okładziny powierzchniowej jest zapobieganie powstawaniu jaskiń w niezagęszczonych, słabych utworach przypowierzchniowych, a także ochrona płytkich, słodkowodnych piasków przed zanieczyszczeniem płuczką wiertniczą. Jako przewodnik, obudowa powierzchniowa chroni kolejne obudowy przed korozją.

Przed ustawieniem obudowy powierzchniowej nie są montowane żadne zabezpieczenia przed wydmuchiwaniem (BOP). Po ustawieniu obudowy powierzchniowej i zainstalowaniu głowicy odwiertu, BOP jest dostępny do obsługi kopnięć podczas wiercenia pośredniego odcinka otworu. Głębokości ustawienia obudowy powierzchniowej mieszczą się w zakresie od 300 do 5000 [ft], a ich średnice od 24 do 17-1/2 [in]. Należy pamiętać, że głębokość osadzania się obudowy powierzchniowej jest często określana przez politykę rządu lub firmy i nie jest wybierana ze względów technicznych.

3.2.3 Obudowa pośrednia

Sznur osłonek pośrednich jest osłonką czysto techniczną. Jedna lub więcej z nich może być konieczna do radzenia sobie z nietypowymi ciśnieniami złożowymi, niestabilnymi formami łupków, utratą krążenia lub strefami zagłębień. Do realizacji planowanego profilu ciężaru błota może być potrzebna również osłonka pośrednia. W przypadku napotkania np. nietypowo uformowanej formacji, może zaistnieć konieczność jej zabezpieczenia przez osłonę pośrednią, tak aby przy normalnym ciśnieniu formowania poniższych formacji można było zastosować mniejszy ciężar błota. Średnice korpusu pośredniego wynoszą od 17-1/2 do 9- 5/8 [in].

3.2.4 Osłona produkcyjna

Osłonka produkcyjna jest ułożona w perspektywicznej strefie (strefach) produkcji. Sznurek osłaniający chroni środowisko naturalne w przypadku awarii rury produkcyjnej i umożliwia konserwację lub wymianę sznura w trakcie okresu produkcyjnego. Powszechnie produkowane obudowy i wykładziny mają gazoszczelne połączenia, ich średnice wahają się od 9-5/8 do 5 [in]. Często spotyka się osłonkę produkcyjną o średnicy 7 [in].

3.2.5 Linia żeglugowa

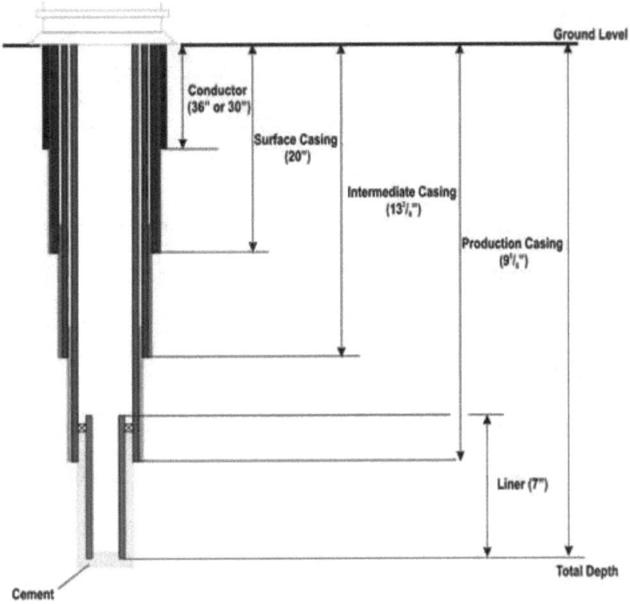

Rysunek 3.2 Linia żeglugowa

Aby zaoszczędzić na kosztach, zainstalowana obudowa czasami nie sięga aż do powierzchni, ale kończy się w poprzednim ciągu. Taka konfiguracja obudowy nazywana jest liner. Wyściółka jest montowana na tzw. "wieszaku linera" do poprzedniego sznurka obudowy. Zazwyczaj głowica wykładziny znajduje się kilkaset stóp w poprzedniej obudowie, aby umożliwić dobre uszczelnienie cementowe. Różne typowe programy obudów pokazano na rysunku 3.1.

W celu opracowania programu obudowy, należy najpierw określić różne głębokości ustawienia obudowy. Ponieważ głównym powodem wykonania odwiertu jest wydobycie węglowodorów ze złoża, ostateczna średnica wewnętrzna rur okładzinowych musi być na tyle duża, aby umożliwić realizację prognozowanych planów kompletacji i wydobycia. Należy wziąć pod uwagę takie czynniki, jak rodzaj wykończenia (otwór otwarty, otwór w orurowaniu, produkcja monobloków itp.), spodziewana wielkość produkcji (zajęcie rur produkcyjnych), spodziewana prognoza produkcji (np. zapotrzebowanie na uniesienie gazu itp.) oraz zajęcie narzędzi oceny, które mają być uruchomione. Ogólnie rzecz biorąc, do celów produkcyjnych średnice odwiertów powinny być możliwie jak największe. Z drugiej strony, tak małe jak to tylko możliwe zajęcie otworu zmniejsza całkowity koszt odwiertu od tego czasu:

(1) Czasy wiercenia są szybsze,

(2) Należy stosować mniej błota (zakup i usuwanie błota),

(3) Można stosować mniejszy sprzęt błotny (czyszczenie, pompy itp.),

(4) Można stosować mniejsze osłonki (tańsze, o większej wytrzymałości przy tej samej klasie),

(5) Można zastosować mniejszy osprzęt (lżejsze obudowy, mniejsza objętość błota),

(6) Miejsce prowadzenia prac wiertniczych może być mniejsze (szczególnie ważne rodzaje platform, takie jak TLP, gdzie masa jest ograniczona).

Z tego powodu opracowano technologię zwaną "slim-hole drilling".

3.3 Metoda projektowania obudowy:

3.3.1 Poszukiwanie głębokości ustawienia korpusu pośredniego punkt podstawowy D21:

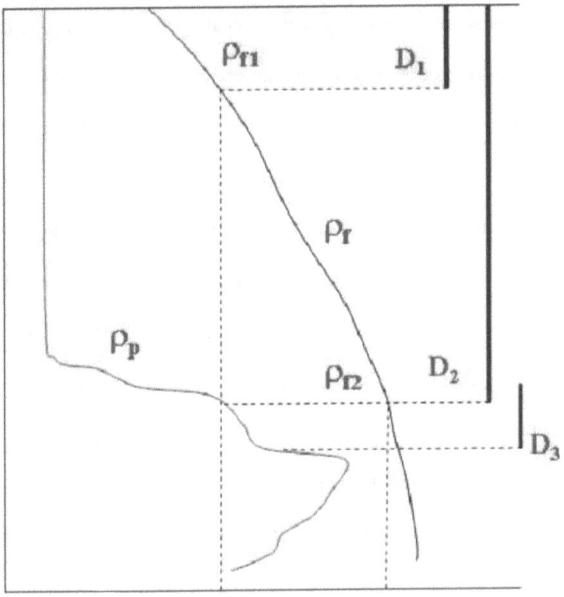

Rysunek 3.3 Metoda projektowania obudowy

(1) Bez względu na wystąpienie kopnięcia

Przez ($\rho_f = \rho_{p\max} + S_b + S_g + S_f$ 3-3)

Obliczyć ρf, krzywą ciśnienia rozrywającego, aby odizolować ρf w miejscu, gdzie głębokość wynosi D21.Jest to środkowy punkt osłony do głębokości pierwotnych.

(2) W celu rozważenia ewentualnego kopnięcia

Przez ($\rho_f = \rho_{p\max} + S_b + S_f + S_k x D_{p\max} / D_{21}$ 3-4)

Algorytm testowy dla ρf:

Najpierw spróbuj wziąć D21, a następnie obliczyć ρf, obsłużyć ρf i sprawdzić obrazek porównania ρf'.

Jeśli ρf ≤ ρf', to D21 jest pośrednim podstawowym punktem obudowy.

W normalnych warunkach, nowy obszar poszukiwań, przejęcie w obu warunkach jest większe.

3.3.2 Sprawdzenie, czy obudowa pośrednia na głębokości D21 jest zaklinowana

(1) W pierwszej kolejności może być wymagana maksymalna różnica ciśnienia statycznego między gołym okiem:

$$\Delta P = \left(\rho_{p\max} + S_b - \rho_{p\min}\right) x D_{\min} \, x \, 0.00981 \qquad (3\text{-}5)$$

ρpmax: D21 Ciśnienie w formacji wiertniczej napotkane do maksymalnej równoważnej gęstości płuczki.

Dmin: minimalne ciśnienie w porach, którego głębokość m

Jeśli ΔP < , ΔPN nie może się zaklinować, głębokość ustawienia korpusu pośredniego D21 D2.

Jeśli ΔP > , ΔPN może się zaklinować, powinna być mniejsza niż podstawowa, punktowa głębokość korpusu pośredniego. Konieczność wiercenia korpusu pośredniego w warunkach określonych w zależności od ciśnienia głębokiego.

(2) Dopuszczenie żądanych warunków różnicy ciśnień

Maksymalne ciśnienie formowania ρ_{pper}

$$\rho_{pper} = \frac{\Delta P_N}{0.00981 \quad D_{\min}} + \rho_{p\min} - S_b \qquad (3\text{-}6)$$

Określanie krzywej ciśnienia formowania ρ_{pper}

Głębokość to głębokość korpusu pośredniego Deep D2.

3.3.3 Znaleźć rurę wylotową pod punktem podstawowym

głębokości wiercenia D31

Zgodnie z D2 przy ciśnieniu szczelinowania formacji, zdeterminowanym do kontynuowania wiercenia. Otwarty przekrój otworu pozwala na maksymalną prasę formującą

$$\rho_{pper} = \rho_{f2} - S_b - s_f - \frac{D_{31}}{D_2} x S_K \qquad (3\text{-}7)$$

Testuj algorytmy:

Spróbuj zanim weźmiesz D31, obliczenie ρ_{pper}, Jeśli obliczone ρ_{pper} i rzeczywiste wartości są bliskie i nieco większe, D31 jest głównym punktem rury wydechowej, w przeciwnym razie spróbuj ponownie.

3.3.4 Sprawdzić, czy rurka wylotowa przyklejona jest do D31

Metoda kontrolna z 2, △ P N do △ P A

3.3.5 Obliczyć głębokość ustawienia obudowy powierzchniowej D1

Zgodnie z D2 przy ciśnieniu w ρ_{p2} formacji, D2 występuje w przypadku wiercenia obliczonego na rozpoczęcie odwiertu, Powierzchnia buta okładzinowego, aby wytrzymać równoważną gęstość ciśnienia:

$$\rho_{fE} = \rho_{p2} + S_b + S_f + \frac{D_2}{D_1} \times S_k \qquad (3\text{-}8)$$

Arkusz kalkulacyjny: spróbuj wziąć D1, Obliczenia $\rho_{fE} \leq$ Richard ρfE, określ D1

W przeciwnym razie, spróbuj jeszcze raz

4 Wybór trybu Cementowania

Cementowanie odwiertu naftowego lub gazowego polega na przemieszczaniu się zaczynu cementowego w dół łańcucha wiertniczego, rurek lub okładzin do wcześniej określonej części szczeliny odwiertu. Sama gnojowica cementowa zawiera zazwyczaj wodę, cement portowy i różne dodatki. Rzeczywisty skład różni się w zależności od zastosowania. Różne techniki układania zaczynu cementowego są różne:

Cementowanie pierwotne, cementowanie podkładów, cementowanie ściskane, cementowanie grzbietu korka.

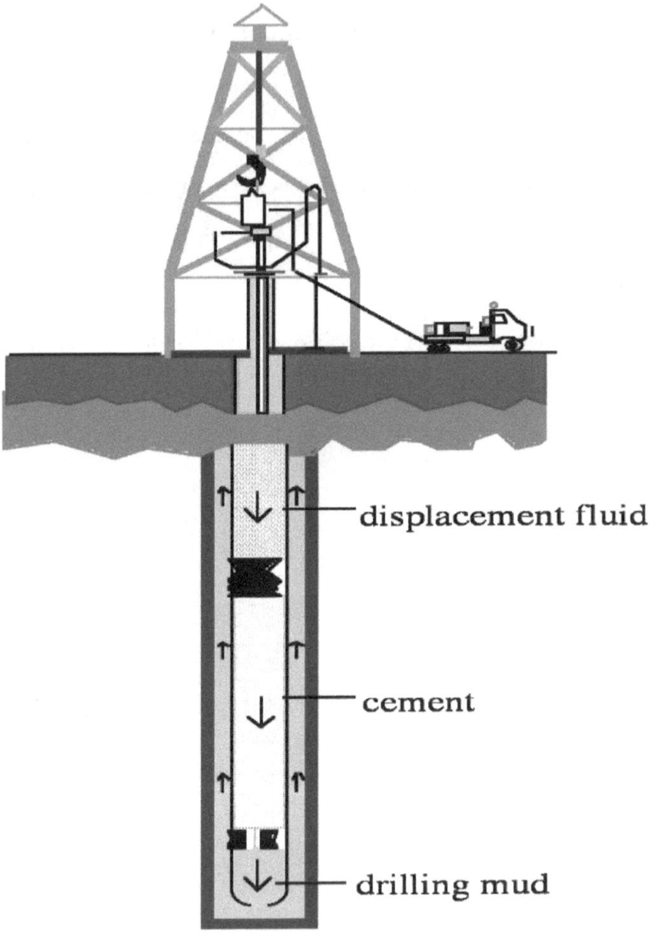

Rys. 4.1 Procedura cementowania pierwotnego

4.1 Funkcje cementu

Funkcje poszczególnych miejsc pracy związanych z cementem różnią się w zależności od różnych celów. Poniższa lista podaje kilka głównych celów dla różnych miejsc pracy związanych z cementem.

4.1.1 Cement pierwotny

(1) Wyizolować formację węglowodorową z innych formacji,

(2) Chronić i zabezpieczać obudowę w studni,

(3) Zapobieganie zapadaniu się otworu,

(4) zapewnić solidne uszczelnienie i kotwicę dla wyposażenia głowicy odwiertu,

(5) Chronić obudowę przed korozją za pomocą wód formujących bogatych w siarczany.

4.1.2 Cement liniowy

(1) Obudowa z otwartym otworem pod długą obudową pośrednią,

(2) Obudowa z otwartym otworem wynikającym z utknięcia obudowy na dnie,

(3) Przypadek po wcześniejszym wykonaniu otworu otwartego w celu kontroli wody, gazu lub piasku,

(4) Przypadki stref utraconego obiegu lub stref wysokiego ciśnienia napotkanych podczas wiercenia,

4.1.3 Ściskanie Cementu

(1) Zmniejszenie stosunku woda-olej, woda-gaz lub gaz-olej,

(2) Wyłączenie strefy, która jest wyczerpana, nie jest ekonomiczna w produkcji lub której produkcja zostanie opóźniona do czasu wyczerpania bardziej obiecujących stref w tym samym odwiercie,

(3) wyizolować strefę przed perforacją w celu produkcji lub stymulacji,

(4) uzupełnić wadliwą pierwotną pracę na cemencie,

(5) Naprawić osłonę lub nieszczelność złącza, plucie lub osłonę dzieloną,

(6) Zatrzymanie utraconej cyrkulacji w otwartym otworze podczas wiercenia.

4.1.4 Plug Back Cement

(1) odcięcie produkcji wody z dna otworu,

(2) Opuścić na stałe głębsze strefy,

(3) Zakończenie otworu w strefie,

(4) Umieścić cementowy korek mostowy,

(5) Ustawić wtyczkę, aby zapewnić gniazdo dla narzędzi kierunkowych, takich jak biczowniki,

(6) Ustawić wtyczkę w niezamierzony sposób, gdy zamierzona jest trajektoria pionowa. Po ustawieniu korka otwór pionowy jest kontynuowany.

(7) Wtyczkę przełożyć przez gniazdo klucza do otworu i przewiercić ją ponownie.

4.2 Właściwości zawiesiny cementowej

API zdefiniowało standardowe klasy (od klasy A do klasy H), jak również standardowe typy cementu stosowane w odwiertach naftowych i gazowych. Standardowe typy są:

Zwykłe, Umiarkowana odporność na siarczany, Wysoka odporność na siarczany.

standardowe klasy są zdefiniowane jako:

(1) Klasa A: Przewidywany zakres głębokości użytkowania: powierzchnia do 6.000 [ft], gdy nie są wymagane specjalne właściwości, dostępna tylko w zwykłym typie.

(2) Klasa B: Zamierzony zakres głębokości użytkowania: powierzchnia do 6000 [ft], gdy warunki wymagają umiarkowanej do wysokiej odporności na siarczany, dostępny jako typ umiarkowanej i wysokiej odporności na siarczany.

(3) Klasa C: Zamierzony zakres głębokości użytkowania: powierzchnia do 6000 [ft], gdy warunki wymagają wysokiej wczesnej wytrzymałości, dostępny w typach o zwykłej, umiarkowanej i wysokiej odporności na siarczany.

(4) Klasa D: Zamierzony zakres głębokości użytkowania: 6.000 do 10.000 [ft], w warunkach umiarkowanie wysokich temperatur i ciśnień, dostępne w wersjach o średniej i wysokiej odporności na siarczany.

(5) Klasa E: Zamierzony zakres głębokości użytkowania: 10.000 do 14.000 [ft], w warunkach wysokiej temperatury i ciśnienia, dostępne w wersjach o średniej i wysokiej odporności na siarczany.

(6) Klasa F: Zamierzony zakres głębokości użytkowania: 10.000 do 16.000 [ft], w ekstremalnie wysokich temperaturach i ciśnieniach, dostępne w wersjach o średniej i wysokiej odporności na siarczany.

(7)Klasa G: Przeznaczony jako podstawowy cement w zakresie głębokości: powierzchnia do 8000 [ft], w przypadku stosowania z przyspieszaczami i zwalniaczami obejmuje szeroki zakres temperatur i ciśnień, nie należy mieszać z klinkierem żadnych innych dodatków oprócz siarczanu wapnia, wody lub obu, dostępnych w wersjach o średniej i wysokiej odporności na siarczany.

(8)Klasa H: Przeznaczony jako podstawowy cement w zakresie głębokości: powierzchnia do 8000 [ft], w przypadku stosowania z przyspieszaczami i zwalniaczami obejmuje szeroki zakres temperatur i ciśnień, nie należy mieszać z klinkierem żadnych innych dodatków oprócz siarczanu wapnia, wody lub obu, dostępnych tylko w typie o umiarkowanej odporności na siarczany.

Właściwości cementu obejmują jego właściwości chemiczne, fizyczne i reologiczne. Właściwości reologiczne zaczynów cementowych są na ogół takie same jak w przypadku omawianych w poprzednich punktach płynów wiertniczych. Właściwości chemiczne i wymagania dla typów cementu API podano w tabeli 4.1, niektóre właściwości fizyczne podano również w tabeli 4.2.

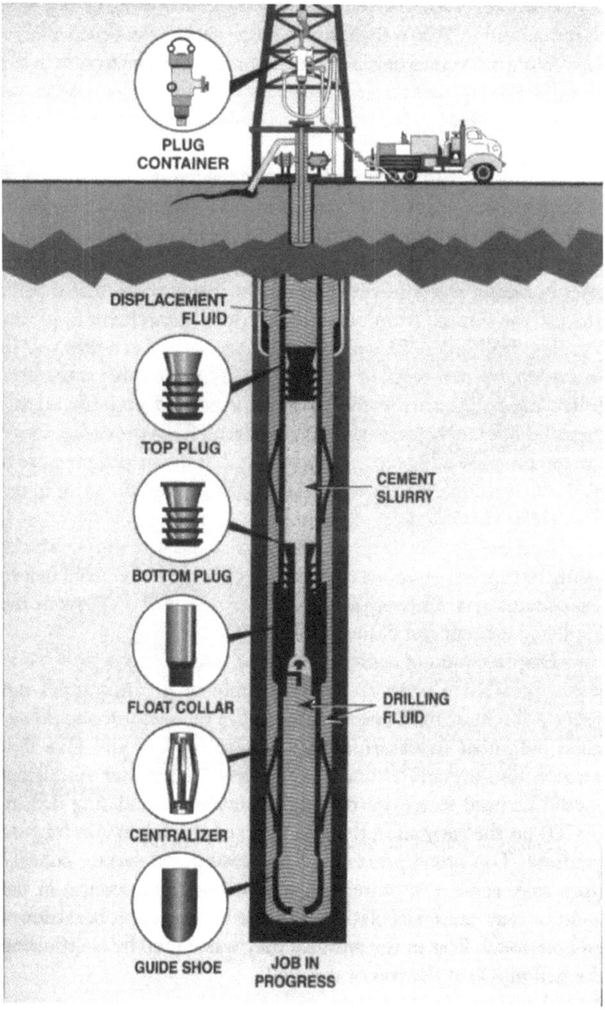

Rysunek 4.2 MPG (gazownia przemysłowa) Metoda cementowania ropy naftowej

Tabela 4.1 Wymagania chemiczne dla typów cementu API

	Cement Class				
	A	B	C	G	H
Ordinary Grade, O					
Magnesium oxide, MgO, maximum, %	6.0	—	6.0	—	—
Sulfur trioxide, SO_3, maximum, %	3.5[1]	—	4.5	—	—
Loss on ignition, maximum, %	3.0	—	3.0	—	—
Insoluble residue, maximum, %	0.75	—	0.75	—	—
Tricalcium aluminate, $3CaO \cdot Al_2O_3$, maximum, %	—	—	15	—	—
Moderate-Sulfate-Resistant Grade, MSR					
Magnesium oxide, MgO, maximum, %	—	6.0	6.0	6.0	6.0
Sulfur trioxide, SO_3, maximum, %	—	3.0	3.5	3.0	3.0
Loss on ignition, maximum, %	—	3.0	3.0	3.0	3.0
Insoluble residue, maximum, %	—	0.75	0.75	0.75	0.75
Tricalcium silicate, C_3S maximum, %	—	—	—	58[2]	58[2]
minimum, %	—	—	—	48[3]	48[3]
Tricalcium aluminate, C_3A, maximum, %[2]	—	8	8	8	8
Total alkali content expressed as sodium oxide, Na_2O, equivalent, maximum, %[3]	—	—	—	0.75	0.75
High-Sulfate-Resistant Grade (HSR)					
Magnesium oxide, MgO	—	6.0	6.0	6.0	6.0
Sulfur trioxide, SO_3, maximum, %	—	3.0	3.5	3.0	3.0
Loss on ignition, maximum, %	—	3.0	3.0	3.0	3.0
Insoluble residue, maximum, %	—	0.75	0.75	0.75	0.75
Tricalcium silicate, C_3S, maximum, %	—	—	—	65[2]	65[2]
minimum, %	—	—	—	48[2]	48[2]
Tricalcium aluminate, C_3A, maximum, %[2]	—	3	3	3	3
Tetracalcium aluminoferrite, C_4AF, plus twice the tricalcium aluminate, C_3A, maximum, %[2]	—	24	24	24	24
Total alkali content expressed as sodium oxide, Na_2O, equivalent, maximum, %[3]	—	—	—	0.75	0.75

4.2.1 Właściwości fizyczne

Do właściwości fizycznych cementu i zaczynów cementowych należą:

(1) Czas zagęszczania,

(2) Dokładność,

(3) Zawartość wody,

(4) Gęstość zawiesiny,

(5) Wytrzymałość na ściskanie,

(6) Utrata płynu,

(7) Yield,

(8) Temperatura dna otworu.

Tabela 4.2 Wymagania fizyczne dla typów cementu API

Well cement class:				A	B	C	G	H
Mix water, wt% of well cement:				46	46	56	44	38
Fineness tests (alternative methods):								
Turbidimeter (specified surface, minimum, m_2/kg):				150	160	220	—	—
Air permeability (specified surface, minimum, m_2/kg):				280	280	400	—	—
Free-fluid content, maximum, mL:				—	—	—	3.5	3.5
Compressive-strength test, 8-hour curing time	Schedule number, Table 7	Curing temp., °F (°C)	Curing pressure, psi (kPa)	Minimum Compressive Strength, psi (MPa)				
	—	100 (38)	Atmos.	250 (1.7)	200 (1.4)	300 (2.1)	300 (2.1)	300 (2.1)
	—	140 (60)	Atmos.	—	—	—	1,500 (10.3)	1,500 (10.3)
Compressive-strength test, 24-hour curing time	Schedule number, Table 7	Final curing temp., °F (°C)	Final curing pressure, psi (kPa)	Minimum Compressive Strength, psi (MPa)				
	—	100 (38)	Atmos.	1,800 (12.4)	1,500 (10.3)	2,000 (18.8)	—	—
Pressure/ temperature thickening-time test	Specification test schedule number, Table 10		Maximum consistency, 15 to 30 min stirring period, B_c	Minimum Thickening Time, min				
	4		30	90	90	90	—	—
	5		30	—	—	—	90	90
	5		30	—	—	—	120 max.	120 max.

B_c = Bearden units of consistency, obtained on a pressurized consistometer, as defined in Sec. 9 of API *Spec. 10A* and calibrated as per the same section.[8]

Ogólnie rzecz biorąc, można powiedzieć, że właściwości fizyczne są manipulowane w celu spełnienia określonych celów.

a)Gęstość zawiesiny

Aby zminimalizować niebezpieczeństwo utraty cyrkulacji lub kopnięć utworów podczas szczelinowania, gęstość zaczynu cementowego powinna być taka sama jak gęstość płynu wiertniczego podczas operacji cementowania. Poniższe równanie podaje gęstość zawiesiny ρ_{cs} w [ppg]:

$$\rho_{cs} = \frac{[lb]Cement + [lb]Water + [lb]Additive}{[gal]Cement + [gal]Water + [gal]Additive} \quad (4.1)$$

Aby obliczyć bezwzględną objętość składników stałych, stosuje się równanie 4.2:

$$gal = \frac{lb\_of\_Material}{(8.34\ ppg)(s.g.\_of\_Material)} \quad (4.2)$$

b)Wydajność

Z definicji wydajność jest to objętość zawiesiny cementowej otrzymanej podczas mieszania jednego worka cementu z określoną ilością wody oraz innych dodatków. Należy zwrócić uwagę, że jeden worek cementowy (94 [lb] worek ft^3) zawiera 1 [ ] objętości zbiorczej i 0,48 [ft^3] objętości bezwzględnej. Aby obliczyć wydajność w [ft^3], stosuje się równanie 4.3:

$$Yield = \frac{[gal]Cement + [gal]Water + [gal]Additive}{7.48\left[\frac{gal}{ft^3}\right]} \quad (4.3)$$

c) Czas zagęszczania

Czas pompowania zaczynu cementowego nazywany jest również "czasem zagęszczania". W celu kontrolowania czasu zagęszczania, dodawania opóźniaczy czasu wiązania, redukcji składników szybko nawadniających oraz regulacji stopnia rozdrobnienia cementu. W przypadku, gdy czas potrzebny do prawidłowego umieszczenia zaczynu cementowego w określonym wcześniej odstępie czasu między kolejnymi wymianami (czas mieszania i wypierania), w tym Współczynnik bezpieczeństwa, przekracza czas zagęszczania, części cementu pozostaną w rurce używanej do wypompowania zaczynu cementowego. Do określenia czasów mieszania i wypierania zastosowano równania 4.4 i 4.5:

$$Tm = \frac{Volume\_of\_Dry\_Cement}{Mixing\_Rate} \quad (4.4)$$

$$Td = \frac{Amount\_of\_Fluid\_\mathrm{Re}quired\_to\_displace\_Top\_Plug}{Displacement\_Rate} \quad (4.5)$$

d) Wytrzymałość na ściskanie

Aby utrzymać obudowę na miejscu, umożliwić podparcie urządzeń powierzchniowych głowicy studni i wytrzymać ciśnienie różnicowe na styku cementowo-tworzywowym, wytrzymałość na ściskanie zestawu i utwardzonego cementu musi być wystarczająco wysoka. Zgodnie z ogólną praktyką, 500 [psi] wytrzymałości na ściskanie musi być wypracowane przez cement hartowniczy przed każdą inną operacją drążenia studni.

Zaczyna się. Czas potrzebny na osiągnięcie tej minimalnej wytrzymałości na ściskanie jest często określany jako "czekanie na cement" (WOC). W tym czasie wykonywane są zazwyczaj inne rutynowe czynności związane z obsługą powierzchni. Zdolność nośna cementu jest zapewniona przez:

$$F = 0.969 . S_C . d_o . H \quad (4.6)$$

Gdzie:

F [lbf]-- zdolność wspomagania

S_C [psi] - wytrzymałość cementu na ściskanie

d_o [w] -- zewnętrzna średnica obudowy

H [ft] -- wysokość słupa cementowego

4.3 Dodatki do cementu

Głównym składnikiem wszystkich zaczynów cementowych do cementowania odwiertów naftowych i gazowych jest "cement portlandzki". Jest on produkowany zgodnie ze specyfikacjami API poprzez przyjmowanie surowców takich jak wapień, glina lub łupki oraz ruda żelaza. Po wymieszaniu i zmieleniu są one podawane do pieca, gdzie topią się w substancji zwanej "klinkierem cementowym". Klinkier ten jest następnie mielony na mieszankę proszkową i łączony z niewielkimi ilościami gipsu lub innych składników.

Aby lepiej dostosować się do indywidualnych wymagań studni, należy dostosować właściwości zaczynu cementowego i utwardzonego cementu. Dlatego niektóre dodatki do cementu są mieszane z zawiesiną. Dodatki można grupować według ich funkcjonalności:

(1) Przedłużacze,

(2) Akceleratory,

(3) Zwalniacze,

(4) Materiał wagowy,

(5) Utrata płynu lub materiał do kontroli filtracji,

(6) Dyspergatory lub rozcieńczalniki.

Wymagania fizyczne dla różnych typów cementów przedstawiono w tabeli 4.3.

Tabela 4.3 Wymagania fizyczne dla różnych typów cementów

Properties of API Classes of Cement			Class A	Class C	Classes G and H	
Specific gravity, average			3.14	3.14	3.15	
Surface area, range, cm^2/g			1,500	2,000 to 2,800	1,400 to 1,700	
Weight per sack, lbm			94	94	94	
Bulk volume, ft^3/sk			1	1	1	
Absolute volume, gal/sk			3.6	3.6	3.58	
Properties of Neat Slurries			**Portland**	**High Early Strength**	**API Class G**	**API Class H**
Water, gal/sk, API			5.19	6.32	4.97	4.29
Slurry weight, lbm/gal			15.6	14.8	15.8	16.5
Slurry volume, ft^3/sk			1.18	1.33	1.14	1.05
Temperature, °F	**Pressure, psi**		**Typical Compressive Strength, psi at 24 hours**			
60	0		615	780	440	325
80	0		1,470	1,870	1,185	1,065
95	800		2,085	2,015	2,540	2,110
110	1,600		2,925	2,705	2,915	2,525
140	3,000		5,050	3,560	4,200	3,160
170	3,000		5,920	3,710	4,830	4,485
200	3,000		*	*	5,110	4,575
Temperature, °F	**Pressure, psi**		**Typical Compressive Strength, psi at 72 hours**			
60	0		2,870	2,535	—	—
80	0		4,130	3,935	—	—
95	800		4,670	4,105	—	—
110	1,600		5,840	4,780	—	—
140	3,000		6,550	4,960	—	7,125
170	3,000		6,210	4,460	5,685	7,310
200	3,000		*	*	7,360	9,900
Depth, ft	**Temperature, °F**		**High-Pressure Thickening Time, hr:min**			
	Static	**Circulation**				
2,000	110	91	4:00+	4:00+	3:00+	3:57
4,000	140	103	3:26	3:10	2:30	3:20
6,000	170	113	2:25	2:06	2:10	1:57
8,000	200	125	1:40*	1:37*	1:44	1:40

4.4 Kontrola studni

Korki, zazwyczaj wykonane z cementu, są czasami umieszczane w otworze wiertniczym, gdy odwiert osiągnął stan krytyczny, w którym nie ma marginesu pomiędzy ciśnieniem w porach a ciśnieniem szczelinowania i nie ma innych możliwości. W rzeczywistości struna wiertła jest czasami celowo cementowana na miejscu, ponieważ nie można jej ciągnąć bez ryzyka wywołania niekontrolowanego wypływu na powierzchnię lub przepływu krzyżowego ze strefy wysokiego ciśnienia do strefy słabego lub niskiego ciśnienia.

4.4.1 Izolacja strefowa/zgodność

Jednym z częstszych powodów zatykania jest izolacja określonej strefy. Cel może być:

(1) Do zamykania wody

(2) W celu ponownego wypełnienia strefy na mniejszej głębokości

(3) Aby zabezpieczyć strefę niskiego ciśnienia w otwartym otworze przed przyciśnięciem

W odwiercie o dwóch lub więcej interwałach produkcyjnych korzystne może być opuszczenie wyeksploatowanej lub nierentownej strefy produkcyjnej. Stały korek cementowy służy do izolowania strefy, co pomaga zapobiegać ewentualnym stratom w produkcji w innym przedziale lub migracji płynów z innego przedziału. Integralność takich zatyczek jest często wzmacniana mechanicznie poprzez umieszczanie ich nad zatyczkami mostowymi lub nad uchwytami przelotowymi i przelotowymi. Inne metody polegają na połączeniu plamistości płynu zatykającego z naprawczym procesem ściskania, polegającym na wtryskiwaniu polimerowego materiału zatykającego do matrycy formującej, a następnie małej objętości zawiesiny cementowej w celu odcięcia perforacji.

4.4.2 Próby formowania

Wtyczki są od czasu do czasu umieszczane w otwartym otworze poniżej badanej strefy, która znajduje się w znacznej odległości od dna, gdzie inne sposoby izolacji odstępu nie są możliwe lub praktyczne. Chociaż cement jest najczęściej stosowanym materiałem wtykowym, to jako środek wtykowy mogą służyć również następujące materiały:

(1) Baryt

(2) Piasek

(3) Polimery

4.4.3 Stabilność odwiertów

Czasami podczas wiercenia korzystne może być umieszczenie materiału zatykającego w niestabilnej formacji. Polimery, żywice, cementy lub kombinacje tych materiałów mogą być używane do konsolidacji formacji i zmiany naprężeń w pobliżu studni i integralności formacji. Zrównoważony korek cementowy jest czasami umieszczany po to, aby po prostu "zasypać" mocno wypłukany lub eliptyczny przekrój otworu. W takich przypadkach korek jest następnie wiercony, pozostawiając na miejscu osłonę z cementu w celu zmniejszenia lub zapobieżenia dalszemu powiększaniu się otworu i ułatwienia powrotu do pierwotnej średnicy i okrągłego kształtu w celu zwiększenia prędkości obrotowej.

4.5 PEH: Cementowanie

Operacje cementowania można podzielić na dwie szerokie kategorie: cementowanie pierwotne i cementowanie naprawcze.

Celem pierwotnego cementowania jest zapewnienie izolacji strefowej. Cementowanie jest procesem mieszania zaczynu cementowego z wodą i przepompowywania go przez osłonkę do punktów krytycznych w pierścieniu wokół osłonki lub w otwartym otworze pod sznurkiem osłonki. Dwie główne funkcje procesu cementowania polegają na ograniczeniu ruchu płynu pomiędzy formacjami oraz na łączeniu i podtrzymywaniu obudowy.

Jeśli zostanie to skutecznie osiągnięte, spełnione zostaną wymogi ekonomiczne, dotyczące odpowiedzialności, bezpieczeństwa, przepisów rządowych i innych wymogów nałożonych w trakcie eksploatacji odwiertu. Izolacja strefowa nie jest bezpośrednio związana z produkcją; jednakże to niezbędne zadanie musi być wykonywane skutecznie, aby umożliwić prowadzenie działań produkcyjnych lub stymulacyjnych. Sukces studni zależy więc od tej podstawowej operacji. Oprócz izolowania stref produkcji ropy naftowej, gazu i wody, cement pomaga również w

(1) Ochrona obudowy przed korozją,

(2) Zapobieganie wydmuchom poprzez szybkie formowanie uszczelnienia,

(3) Ochrona obudowy przed obciążeniami udarowymi przy głębszym wierceniu, oraz

(4) Zamykanie stref zagubionego obiegu lub stref złodziei.

Cementowanie naprawcze wykonuje się zazwyczaj w celu skorygowania problemów związanych z podstawową pracą z cementem. Najbardziej udanym i ekonomicznym podejściem do cementowania naprawczego jest unikanie go poprzez dokładne planowanie, projektowanie i wykonywanie wszystkich operacji wiercenia, cementowania pierwotnego i wykańczania. Konieczność cementowania naprawczego w celu przywrócenia prawidłowego działania odwiertu wskazuje, że pierwotne planowanie i wykonanie było nieefektywne, co skutkowało kosztownymi operacjami naprawczymi. Cementowanie naprawcze składa się z dwóch szerokich kategorii: cementowanie za pomocą ściskania i cementowanie za pomocą korków.

Ogólnie rzecz biorąc, do uzyskania udanego umieszczenia cementu i osiągnięcia wcześniej nakreślonych celów wymagane jest pięć kroków.

a) przeprowadzić analizę parametrów odwiertu; określić potrzeby odwiertu, a następnie zaprojektować techniki rozmieszczenia i płyny w celu zaspokojenia potrzeb związanych z okresem eksploatacji odwiertu. Właściwości płynów, mechanika płynów i chemia wpływają na konstrukcję studni.

b) Obliczyć skład płynu (zawiesiny) i przeprowadzić testy laboratoryjne na płynach zaprojektowanych w ramach etapu 1, aby sprawdzić, czy odpowiadają one potrzebom.

c) Należy użyć niezbędnego sprzętu do wykonania projektu w kroku 1; obliczyć objętość pompowanych płynów (zawiesiny); oraz wymieszać, wymieszać i przepompować płyny do induktora.

d) monitorować leczenie w czasie rzeczywistym; porównać z etapem 1 i w razie potrzeby wprowadzić zmiany.

e) Oceń wyniki; porównaj z projektem w kroku 1 i wprowadź zmiany niezbędne do przyszłej pracy.

5 Wybór metody realizacji

5.1 Metoda wyboru sposobu wykonywania odwiertów poziomych

Wykonywanie odwiertów poziomych może odbywać się na różne sposoby i zależy od ograniczeń produkcyjnych i charakterystyki złoża. Na wybór metody wydobywczej bezpośredni wpływ ma stopień konsolidacji skał, konieczność odcięcia wody lub gazu, przewidywane natężenie przepływu, trwałość wydobycia, reaktywność i stabilność łupków, stopień sortowania ziaren i laminowania.

W niniejszym artykule przedstawiono możliwe metody wykonania odwiertu poziomego. Prezentowany jest również schemat blokowy wyboru zakończenia odwiertu poziomego. Algorytm ten jest realizowany na podstawie dużej liczby analiz odwiertów, uwzględniających charakterystykę złoża i ograniczenia wydobycia.

Słowa kluczowe: uzupełnienie, studnia pozioma

5.1.1 Wprowadzenie

Wiercenie i wykonywanie odwiertów może odbywać się na różne sposoby. Ogólnie rzecz biorąc, można zdefiniować trzy główne podejścia:

(1)Wiercenie odwiertu pionowego z otwartym otworem (Rysunek 5.1) lub orurowaniem (Rysunek 5.2)

(2)Wiercenie otworów pionowych z jednym (Rysunek 5.3) lub większą liczbą otwartych przedziałów (Rysunek 5.4)

(3)Wiercenie odwiertów wielostronnych (oznacza wiercenie większej liczby odwiertów poziomych z jednego pionu (Rysunek 5.5)

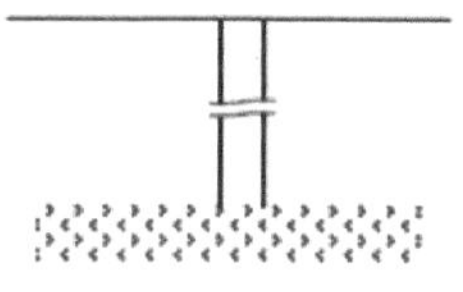

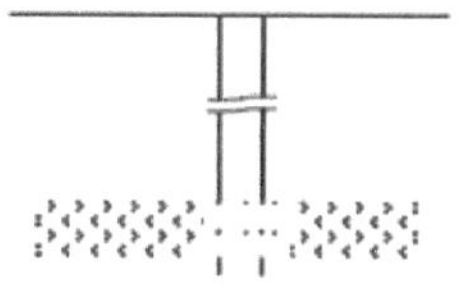

Rys. 5.1 Wiercenie odwiertu pionowego z otwartym otworem Rys. 5.2 Wiercenie odwiertu pionowego z rurką osłonową

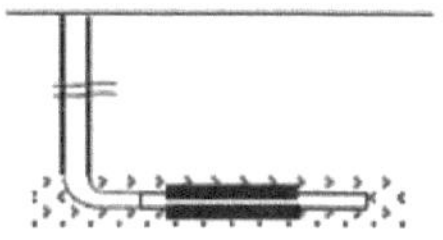

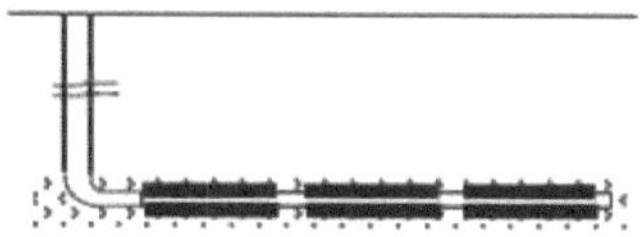

Rysunek 5.3 Wiercenia pionowe z jednym Rysunek 5.4 Wiercenia pionowe z większą liczbą otwartych przedziałów czasowych

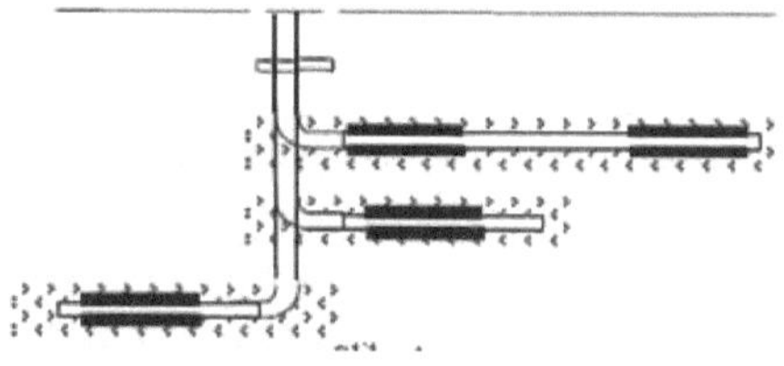

Rys. 5.5 Wiercenie odwiertów wielostronnych

Odwierty poziome są wykorzystywane głównie do zwiększenia produkcji w porównaniu do odwiertów pionowych. Ponieważ mają one znacznie większy kontakt ze złożem niż odwierty pionowe, produkcja w odwiertach poziomych jest większa. Odwierty poziome mają również duże zastosowanie przy rozwiązywaniu różnych problemów występujących przy produkcji odwiertów pionowych.

5.2 Metody wykonywania odwiertów poziomych

Różne zakończenia sekcji bocznych oferują różne stopnie sprawności dla możliwości zarządzania zbiornikiem. Niektóre z nich są podstawowe, podczas gdy inne złożone. Wybrana metoda kompletowania musi być dostosowana do ograniczeń produkcyjnych i charakterystyki zbiornika. Warianty ukończenia zależą również od stopnia konsolidacji skał, konieczności odcięcia wody lub gazu, przewidywanego przepływu, trwałości ukończenia, reaktywności i stabilności łupków, stopnia sortowania ziaren i laminowania. Stabilizacja odwiertów jest sprawą pierwszorzędnej wagi. W przypadku formacji laminowanych, pakiet żwiru napręża formację i unieruchamia drobiny. W przypadku formacji nielaminowanych z dobrze posortowanymi ziarnami, za wystarczające uważa się zazwyczaj wypełnienie pakietu bez żwiru, chyba że wymagana jest duża trwałość wypełnienia lub odwiert produkuje się z dużą prędkością przepływu. Ostatnie zaliczki pozwalają na następujące opcje bocznego uzupełniania formacji skonsolidowanych:

(1) Otwarty otwór

(2) Wstępnie nawiercona lub szczelinowa wykładzina podłogowa

(3) Wstępnie nawiercona lub szczelinowa wyściółka z zewnętrznymi podkładkami pod osłonę

(4) Obudowa lub wkładka, cementowana i perforowana

(5) Otworzyć otwór z wywierconą wykładziną i samodzielnym ekranem

(6) Otwórz otwór za pomocą ekranu autonomicznego

(7) Otwórz otwór z pakietem żwirowym

5.2.1 Otwarty otwór

Ukończenie otworu otwartego (Rysunek 5.6) jest wykorzystywane w przypadku stabilnych formacji skonsolidowanych, które nie zapadną się po włączeniu odwiertu do eksploatacji. Należy uważnie przeanalizować tendencje w stężeniach wody i gazu, ponieważ ten projekt ukończenia nie przewiduje możliwości odcięcia nieprzewidzianego wydobycia wody lub gazu.

5.2.2 Przewiercona lub szczelinowa wykładzina podłogowa

Wykładzinę szczelinową (Rysunek 5.7) stosuje się zwykle w przypadku wątpliwości co do stabilności odwiertu lub gdy istnieją pewne obawy dotyczące produkcji piasku. Wkłady szczelinowe lub perforowane to te, w których wkładka jest prowadzona w otwartym otworze i zawieszana w obudowie produkcyjnej. Ponadto, jeżeli w formacji napotkano łupki reaktywne, odpowiednią alternatywą może być wykładzina, która zapobiegnie osuwaniu się otworu i zapadaniu się otworów wiertniczych. W dobrze skonsolidowanych formacjach, zamiast wykładziny szczelinowej stosuje się zazwyczaj wykładziny nawiercane. Wykończenia szczelinowe i perforowane są brane pod uwagę tylko wtedy, gdy przewiduje się niewielką stymulację lub jej brak i nie ma obaw o wykluczenie niepożądanych płynów, takich jak woda lub gaz.

5.2.3 Wstępnie nawiercona lub szczelinowa wkładka z zewnętrznymi podkładkami pod osłonę

Zewnętrzne podkładki pod obudowy są zwykle stosowane w celu zapewnienia skutecznego uszczelnienia pierścieniowego pomiędzy strefami o różnych rodzajach płynów lub ciśnieniach w niecementowanych otwartych otworach. Ta metoda wykończenia (rysunek 5.8) stanowi ulepszenie wykończenia wykładziny, gdy wymagana jest izolacja strefy. Zewnętrzne podkładki pod osłonę są prowadzone jako integralna część wyściółki i po napełnieniu uszczelniają się na wewnętrznej średnicy otworu. Można je nadmuchać wodą, błotem lub cementem. Prawidłowo nadmuchane mogą stanowić pozytywne uszczelnienie dla produkcji selektywnej, stymulacji lub innych celów iniekcji. Podkładki do zewnętrznych osłon są stosowane w połączeniu z wkładkami szczelinowymi, sitami, sitami wstępnie pakowanymi lub wkładkami i rękawami przesuwnymi.

5.2.4 Obudowa lub wkładka, cementowana i perforowana

Zakończenie otworu w orurowaniu (rysunek 5.9) jest zdefiniowane jako wykładzina lub orurowanie, które są cementowane na miejscu z perforacją zamkniętą w odstępach produkcyjnych. W porównaniu z innymi metodami wykonywania odwiertów, wykonanie odwiertu orurowanego zapewnia najwyższy stopień kontroli odwiertu i zarządzania złożem. Ze względu na możliwość inwazji cementu w utworach naturalnie szczelinowanych, metoda wypełniania odwiertów orurowanych była stosowana przede wszystkim w zbiornikach nie szczelinowanych naturalnie. Ukończenie odwiertu orurowanego jest doskonałym rozwiązaniem w przypadku zbiorników, w których wykonywany jest odwiert poziomy, co pozwala zminimalizować problemy ze stożkami. Perforacje mogą być selektywnie wyciskane, aby zapobiec napływowi niepożądanych płynów.

5.2.5 Otwarty otwór z nawierconą wykładziną i samodzielnym ekranem

Otwarty otwór z samodzielnym ekranem (rysunek 5.10) jest zwykle używany w utworach nieskonsolidowanych, gdzie kontrola piasku stanowi problem. Sita stosuje się bez opakowania żwirowego, aby wykluczyć przedostawanie się piasku formującego do strumienia przepływu. Uzupełnienie może być wykonane za pomocą zewnętrznych podkładek pod obudowy w celu odizolowania niepożądanych płynów, jeśli taka sytuacja istnieje. Ekrany wolnostojące mogą być pakowane fabrycznie lub w całości metalowe. Wstępnie upakowane sita są w rzeczywistości modułowymi pakietami żwiru, ponieważ posiadają żwir pokryty żywicą lub luźny piasek upakowany wokół nich, aby zapobiec tworzeniu się przejścia piasku. Wstępnie zapakowane sita są uważane za odpowiednie do stosowania w studniach poziomych bez opakowania żwirowego. Zbiornik powinien być jednak stosunkowo czysty, a piasek formacyjny powinien być dość jednolity, najlepiej nie drobnoziarnisty i o średnim objętościowym natężeniu przepływu.

5.2.6 Otwieranie otworu za pomocą ekranu autonomicznego

Otwarty otwór w samodzielnym ekranie ułatwia umieszczenie ekranu, ponieważ jest on prowadzony wewnątrz perforowanej wykładziny. Technika ta (Rysunek 5.11) stosowana jest przede wszystkim w skałach nieskonsolidowanych, wymagających kontroli piasku, w przypadku których występują trudności z samodzielnym prowadzeniem ekranów ze względu na niestabilność studni spowodowaną reaktywnymi łupkami.

5.2.7 Otwarty otwór z pakietem żwiru

Pakiety tłuczniowe z otworami otwartymi (rysunek 5.12) polegają na wykonaniu poziomego pakietu tłuczniowego w poprzek przedziału otworów otwartych. Zaletą tego podejścia jest utrzymanie wydajności i wydłużenie żywotności kompletacji w porównaniu z samodzielnymi kompletacjami ekranu. Głównym wymogiem udanego poziomego pakowania żwiru jest jego czystość, stabilność i nieuszkodzenie na długo przed uruchomieniem sita do pakowania żwiru. Obecność reaktywnych łupków, które pęcznieją lub wylewają się do otworu przed lub w trakcie operacji pakowania żwiru, stanowi poważną trudność w przypadku pakowania żwiru w otwartym otworze. Niestabilny, brudny otwór wiertniczy zanieczyszcza żwir, powodując niską wydajność studni.

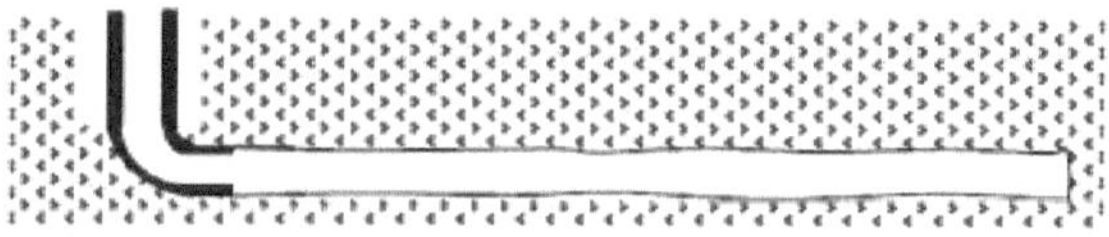

Rysunek 5.6 Otwarty otwór

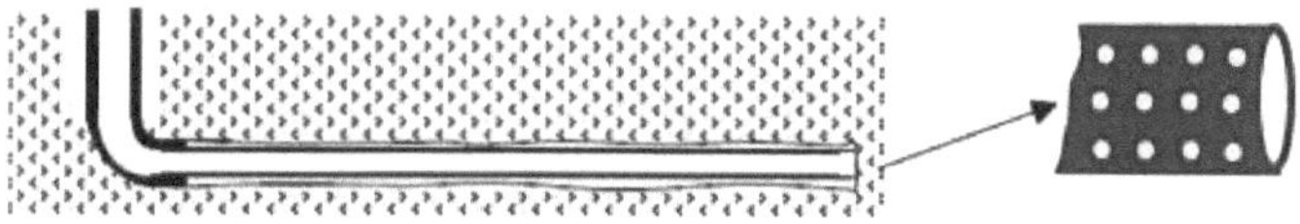

Rys. 5.7 Nawiercona lub szczelinowa wykładzina podłogowa

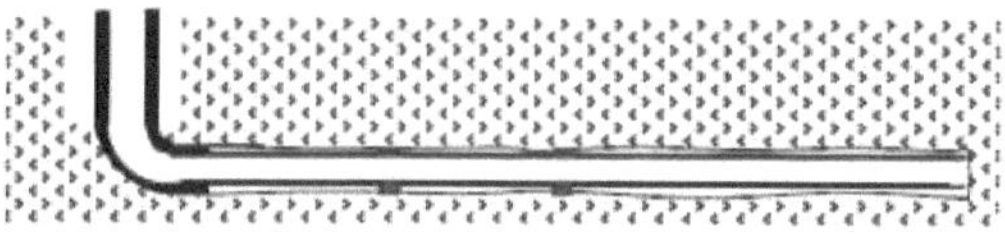

Rys. 5.8 Nawiercona wstępnie lub szczelinowa wykładzina z zewnętrznymi podkładkami obudowy

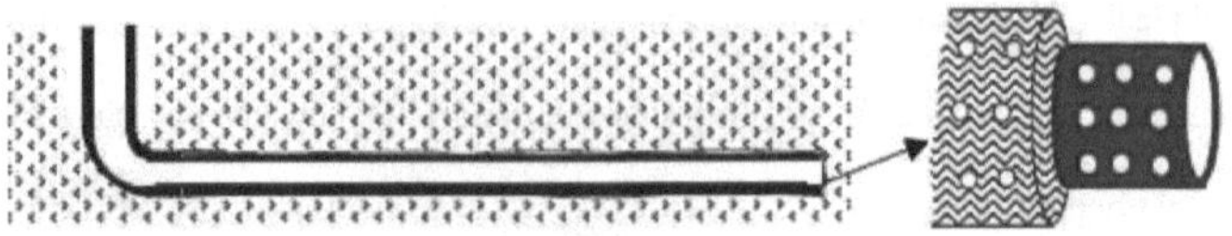

Rys. 5.9 Obudowa lub wykładzina, cementowana i perforowana

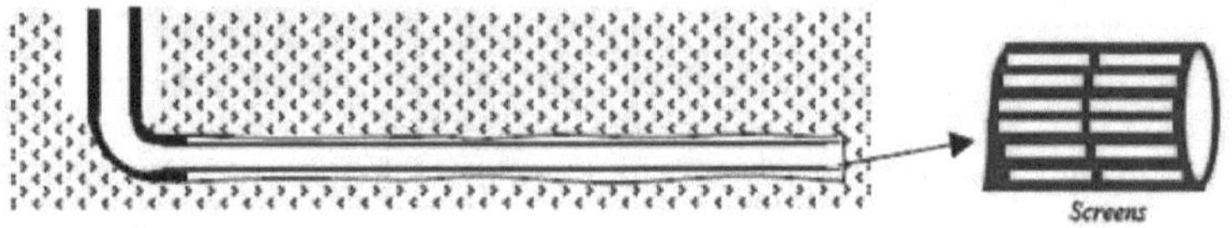

Rysunek 5.10 Otwarty otwór z nawierconą wykładziną i samodzielnym ekranem

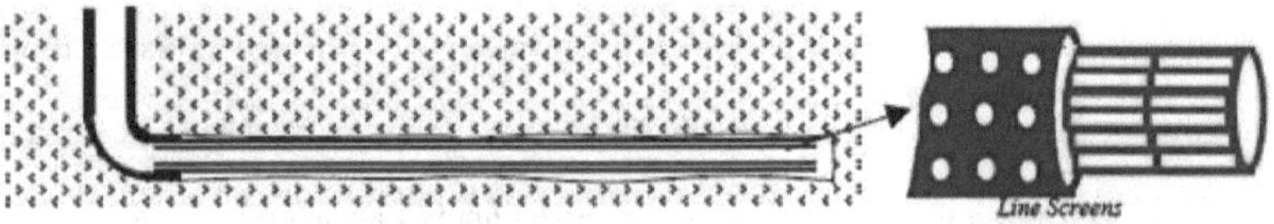

Illustracja 5.11 Otwieranie otworu przy użyciu ekranu autonomicznego

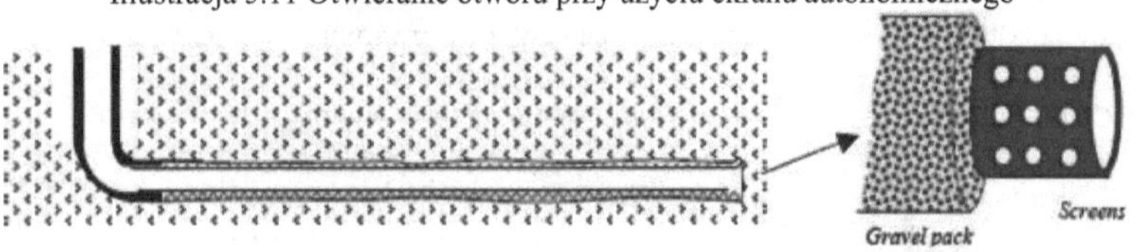

Rysunek 5.12 Otwarty otwór z pakietem żwiru

Algorytm modelu wyboru sposobu realizacji odwiertu poziomego przedstawiono w tabeli 5.1.

Algorytm ten jest realizowany na podstawie analizy dużej liczby odwiertów z uwzględnieniem charakterystyki złoża i ograniczeń wydobycia. Ogólnie rzecz biorąc, jest on podzielony na dwa decyzyjne drzewa dotyczące stabilnej lub niestabilnej formacji.

W przypadku rozważania formacji stabilnej, gdy nie ma potrzeby kontroli piasku, stosuje się otwarty otwór z nawierconą wykładziną. Ogólnie rzecz biorąc, wkładka może być montowana podczas wiercenia odwiertu lub po jego zakończeniu. Poprzez dalszą analizę sprawdza się, czy w przyszłości można się spodziewać produkcji piasku. W takim przypadku konieczne jest zamontowanie wstępnie wywierconej wykładziny. Dalej rozważany jest problem możliwego stożka wodnego i/lub gazowego, a jeśli go nie ma, zaleca się wykonanie otworu otwartego. W przypadku konieczności odizolowania określonych stref w studni obok dokładnej kontroli produkcji, osłony lub wykładziny, należy zastosować okładzinę cementową i perforowaną. Zamiast tej metody uzupełniania można zastosować wstępnie nawierconą wykładzinę lub wykładzinę szczelinową z zewnętrznymi podkładkami do osłon.

Jeśli weźmie się pod uwagę również niestabilną formację, należy najpierw sprawdzić konieczność kontroli piasku. Jeśli nie ma takiej potrzeby, wykładzinę instaluje się podczas wiercenia studni poziomej. W przypadku wystąpienia problemu z produkcją piasku konieczne jest sprawdzenie strefy formowania. Poza dodatkowymi czynnikami, które obejmują czas pracy odwiertu, wydajność odwiertu, ewentualną obecność wody lub/i stożka gazowego, istnieją trzy podstawowe metody realizacji (przedstawione na schemacie blokowym): otwarty otwór z samodzielnymi przesiewaczami; otwarty otwór z uprzednio wywierconą wykładziną i samodzielnymi przesiewaczami oraz pakiet żwiru z otwartym otworem.

Tabela 5.1 Schemat blokowy wyboru sposobu wykończenia odwiertu poziomego

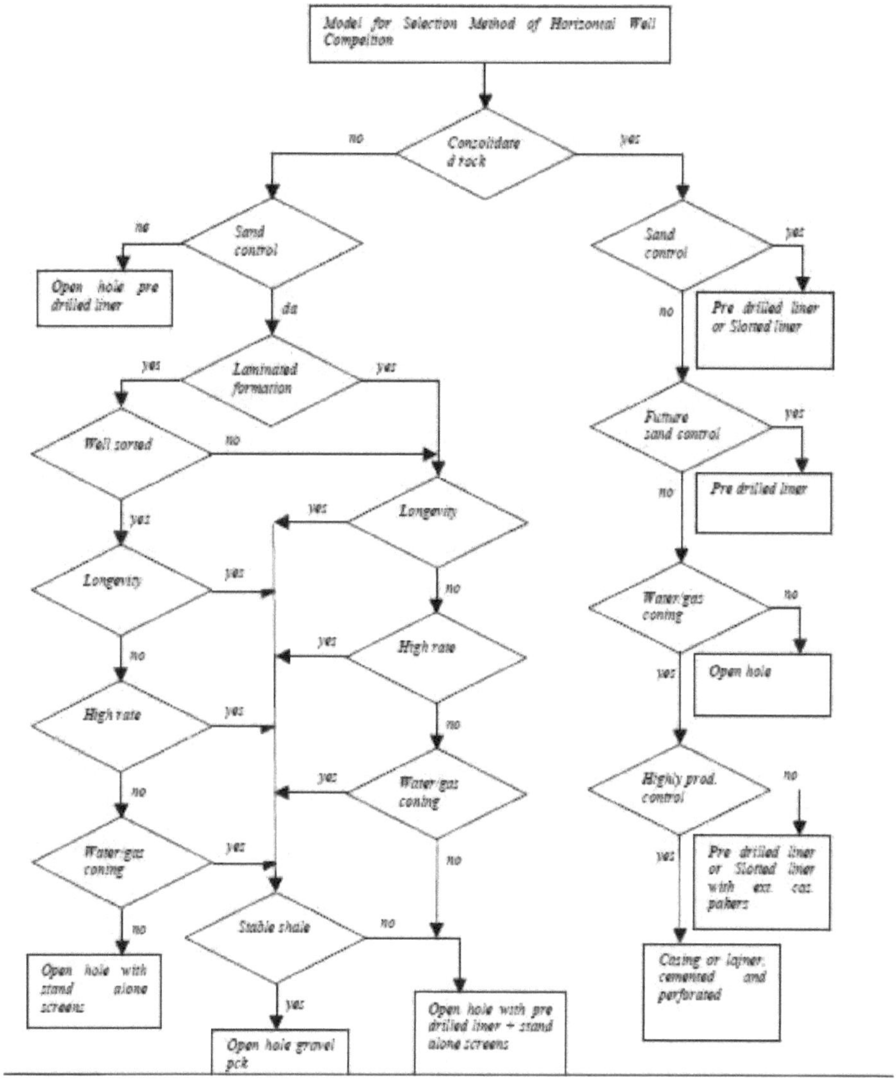
Model for Selection Method of Horizontal Well Compeltion
Consolidate d rock
no
yes
Sand control
Open hole pre drilled liner
da
Laminated formation
Well sorted
Longevity
High rate
Water/gas coning
Open hole with stand alone screens
Stable shale
Open hole gravel pck
Open hole with pre drilled liner + stand alone screens
Pre drilled liner or Slotted liner
Future sand control
Pre drilled liner
Open hole
Highly prod. control
Pre drilled liner or Slotted liner with ext. cas. pakers
Casing or lajner. cemented and perforated

5.3 Wniosek

Wykonywanie odwiertów poziomych może odbywać się na różne sposoby i zależy od ograniczeń produkcyjnych i charakterystyki złoża. Na wybór metody kompletowania wpływa bezpośrednio stopień konsolidacji skał, konieczność odcięcia wody lub gazu, przewidywane natężenie przepływu, trwałość kompletacji, reaktywność i stabilność łupków, wydobycie piasku, stopień sortowania ziaren i laminowania. W tym artykule przedstawiono możliwe sposoby wykonania odwiertu poziomego, takie jak: otwarty otwór, nawiercona lub szczelinowa wykładzina, wykładzina szczelinowa z zewnętrznymi wkładkami uszczelniającymi, okładzina lub lanca, cementowana i perforowana, otwarty otwór z nawierconą wykładziną i samodzielnym sitem, otwarty otwór z samodzielnym sitem i otwarty otwór z pakietem żwiru.

Przedstawiony jest również algorytm modelu doboru sposobu wykończenia odwiertu poziomego. Algorytm ten jest realizowany na podstawie dużej liczby analiz odwiertów, uwzględniających charakterystykę złoża i ograniczenia wydobycia.

5.4 Prace wykończeniowe z otworami

Następnym krokiem w realizacji odwiertu jest jego zacementowanie. Obejmuje to pompowanie zaczynu cementowego do odwiertu w celu przemieszczenia istniejących płynów wiertniczych i wypełnienia przestrzeni pomiędzy okładziną a rzeczywistymi stronami odwiertu. Na poziomie złoża stosowane są dwa rodzaje metod wydobywczych: wydobycie z odwiertów otwartych lub orurowanych. Otwarty otwór wiertniczy oznacza odwiert, który jest wykonywany do górnej części zbiornika węglowodorów. Następnie studnia jest orurowana na tym poziomie, a na dole pozostawiona otwarta. Znane również jako top sets i barefoot compleets, uzupełnienia otwarte są stosowane w celu zmniejszenia kosztów obudowy, gdzie zbiornik jest solidny i znany.

5.4.1 Zakończenie robót ziemnych

Jest to najbardziej podstawowy, ale może być dobrym wyborem do wiercenia w twardej skale, wiercenia wielostronnego i niewyważonego. Wiąże się to z pozostawieniem produktywnej części zbiornika bez żadnej rurki. Skutecznie usuwa to kontrolę przepływu płynów z formacji; nie jest to odpowiednie dla słabszych formacji, które mogą wymagać kontroli piasku, ani dla formacji wymagających selektywnej izolacji interwałów naftowych, gazowych i wodnych. Jednakże postęp w zakresie interwencji, takich jak zwijanie rur i ciągniki, oznacza, że studnie boso mogą być z powodzeniem produkowane.

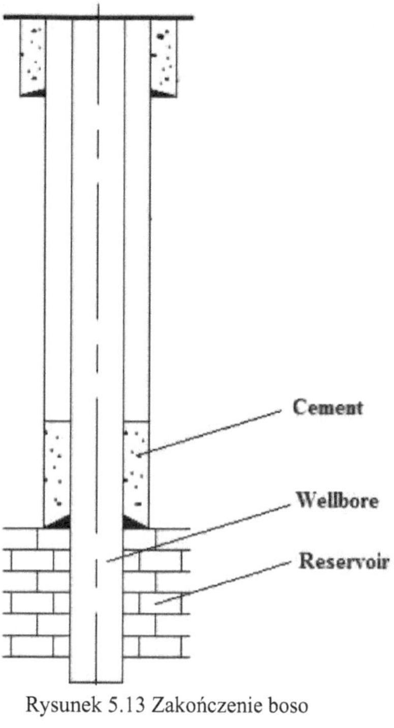

Rysunek 5.13 Zakończenie boso

5.4.2 Perforacja Wykończenia otworów w obudowie

Wymaga ona wpuszczenia obudowy do zbiornika. W celu doprowadzenia do wydobycia, rura osłonowa i cement są perforowane, aby umożliwić przedostanie się węglowodorów do odwiertu.

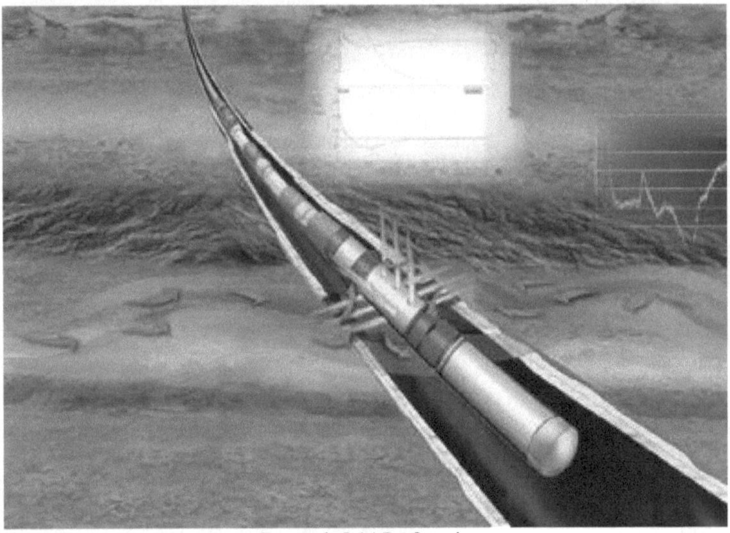

Rysunek 5.14 Perforacja

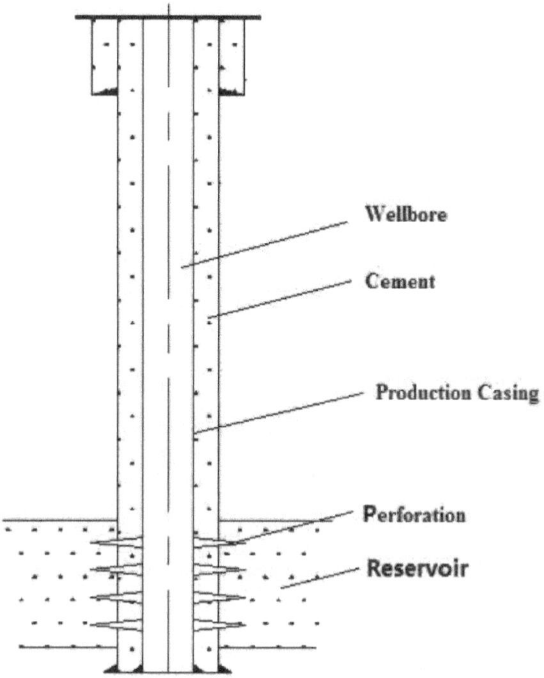

Rysunek 5.15 Zakończenie z perforacją działową

Proces ten polega na uruchomieniu pistoletu perforacyjnego i urządzenia do lokalizacji zbiornika w odwiercie, wielokrotnie za pomocą liny stalowej, plasterka lub rury w zwojach. Po osiągnięciu poziomu złoża, pistolet wystrzeliwuje następnie otwory w ścianach bocznych odwiertu, aby umożliwić przedostanie się węglowodorów do złoża. Perforacja może być wykonana albo przez wystrzelenie pocisków w boki osłony, albo przez wypuszczenie do osłony dysz lub ładunków kształtowych. Podczas gdy miejsca perforacji zostały wcześniej określone przez bale wiertnicze, nie można ich łatwo zlokalizować przez okładzinę i cement. Aby sprostać temu wyzwaniu, dziennik korelacji gamma ray-collar jest zazwyczaj wdrażany w celu korelacji z początkowym przebiegiem dziennika w odwiercie i określenia miejsc, w których wymagana jest perforacja.

5.5 Wybór strategii perforacji

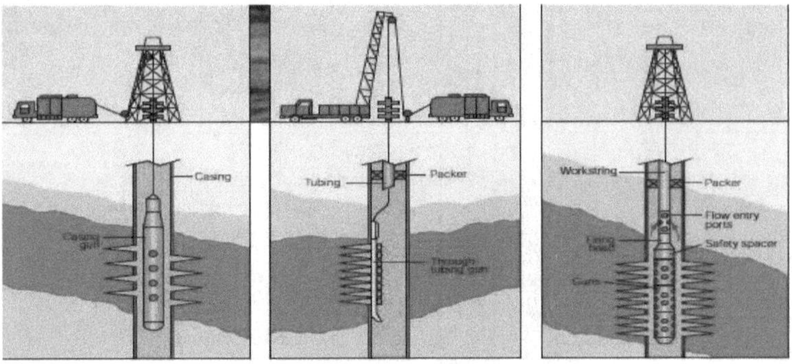

Perforacja przelotowa w obudowie Perforacja przelotowa w rurkach Perforacja przelotowa w rurkach

Rysunek 5.16 Strategia perforacji

Trzy metody transportu dla pistoletów perforowanych: przelotowa i przelotowa oraz systemy z przewodami rurowymi.

Pokazany pistolet z rurkami przelotowymi jest mocowany magnetycznie do obudowy. Pozostali wiszą wolni.

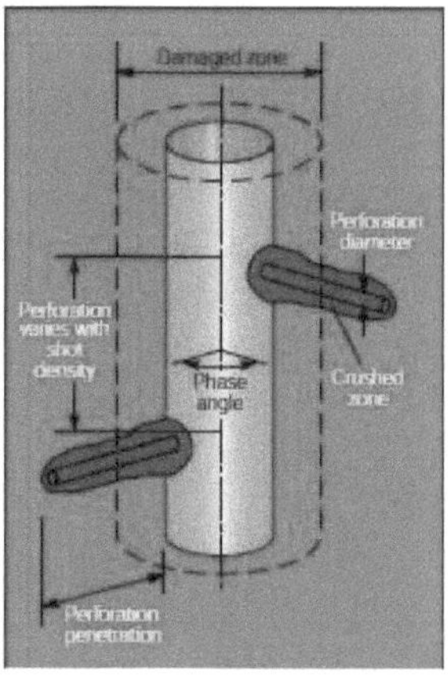

Rysunek 5.17 Strategia perforacji

Główne parametry geometryczne, które określają wydajność przepływu w perforowanym wykonaniu. Cztery kluczowe czynniki to gęstość śrutu, kąt fazowy, przenikanie perforacji do formacji i średnica perforacji. Wydajność odwiertu zależy również od wielkości strefy kruszenia, od tego, czy perforacja wykracza poza uszkodzoną strefę oraz od tego, jak skutecznie usuwana jest z tunelu strefa kruszenia i odłamki wsadowe.

Tabela 5.2 Strategia perforacji

	Gun System	Application		
		Wireline through-tubing	Wireline through-casing	Tubing conveyed
Exposed gun	Strip	x		
	Pivot	x		
Hollow carrier gun	Scallop	x		
	Port plug		x	
	High efficiency	x	x	
	High shot density	x	x	x

Tabela 5.3 Taksonomia pistoletów i systemów perforacyjnych

Perforation Geometry	Completion Type		
	Consolidated		Unconsolidated
	Natural	Stimulated	Sand Control
Shot density	1 or 2	2	2
Perforation diameter	3 or 4	3	1
Perforation phasing	3 or 4	1	3
Perforation length	1 or 2	4	4

Perforation Geometry	Isotropic Permeability	Anisotropy		Natural Fractures	Wellbore Damage
		Of Any Cause	Laminar Shale		
Shot density	2	1	1	3	2
Perforation diameter	4	3	4	4	4
Perforation phasing	3	4	3	2	3
Perforation length	1	2	2	1	1

Względne znaczenie czterech głównych czynników geometrycznych w trzech typach realizacji, gdzie 1 jest największy, a 4 najmniejszy. Optymalny projekt perforacji zapewnia odpowiedni kompromis pomiędzy tymi czynnikami. Dolna część rysunku przedstawia wspólne uwarunkowania dla perforacji naturalnych uzupełnień. W przypadku występowania naturalnych złamań, w celu poprawy komunikacji pomiędzy złamaniami i perforacją, ważniejsze od gęstości staje się fazowanie.

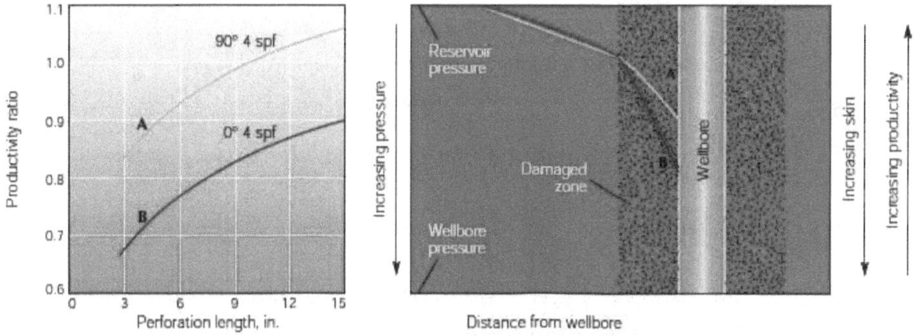

Rysunek 5.18 Związek fazy perforacji i głębokości z wydajnością (L) i skórą odwiertu (R)

Związek fazy perforacji i głębokości z wydajnością (po lewej) i skórą otworu wiertniczego (po prawej). Krzywe po lewej stronie są przeznaczone dla nieuszkodzonych warunków. Uszkodzenia zmniejszyłyby ich wartości bezwzględne, ale utrzymałyby tę samą pozycję względem siebie. W przypadku perforacji fazowej 0°, skóra jest wyższa w otworze wiertniczym, ponieważ przepływ odbywa się mniej bezpośrednio do perforacji niż w przypadku perforacji fazowej 90°.

Perforacje z niższą skórą rozkładają spadek ciśnienia na większą odległość od odwiertu, co daje wyższy wskaźnik produkcji dla danego ciśnienia odwiertu. Lewa ilustracja pokazuje wzrost wydajności przy długości perforacji. W teoretycznym przypadku braku uszkodzeń, perforacja 9-in. [23-cm] przy 0° stopniowaniu ma taką samą wydajność jak perforacja 3-in. [8-cm] przy 90° stopniowaniu.

Tabela 5.4 Wybór techniki wykonania i perforacji stymulowanej

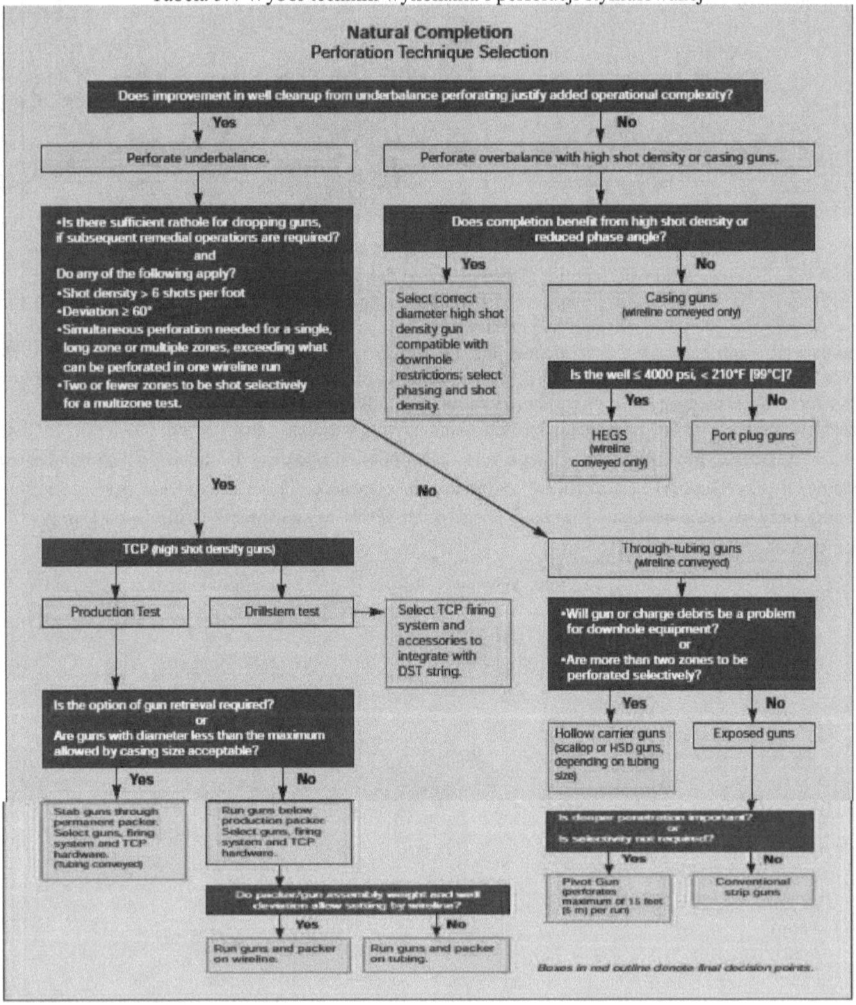

Tabela 5.5 Ramki w czerwonym zarysie oznaczają ostateczną decyzję - ramki w czerwonym zarysie oznaczają ostateczne punkty decyzji

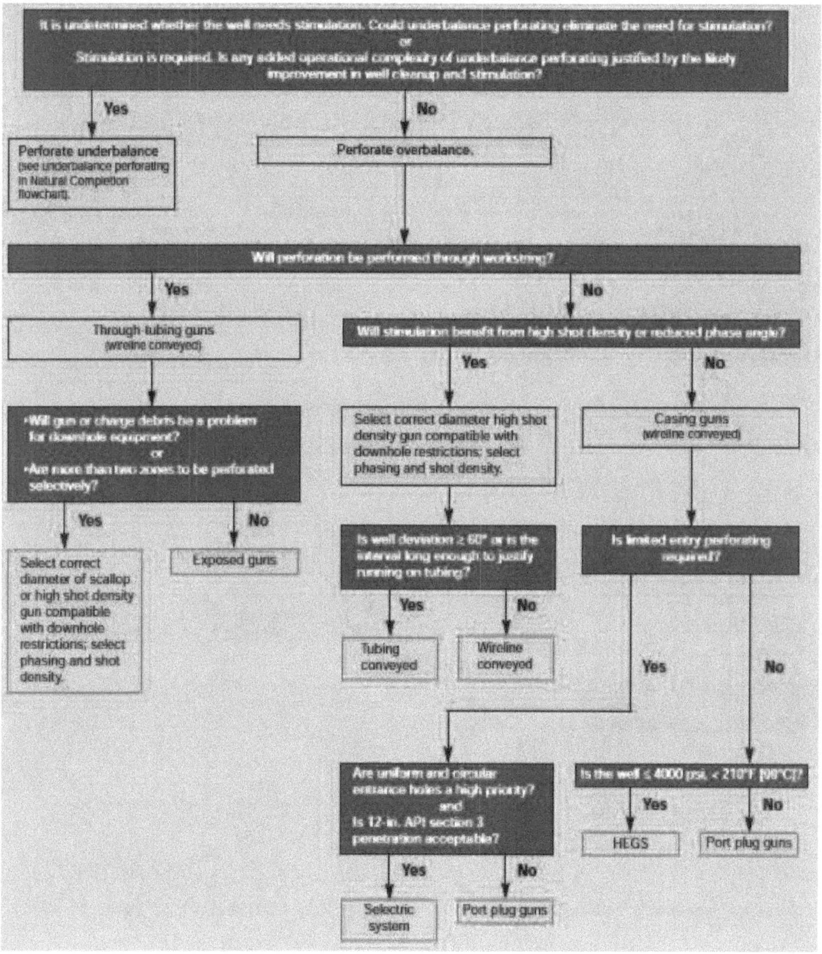

Tabela 5.6 Wybór kontroli piasku - technika dużej perforacji otworu

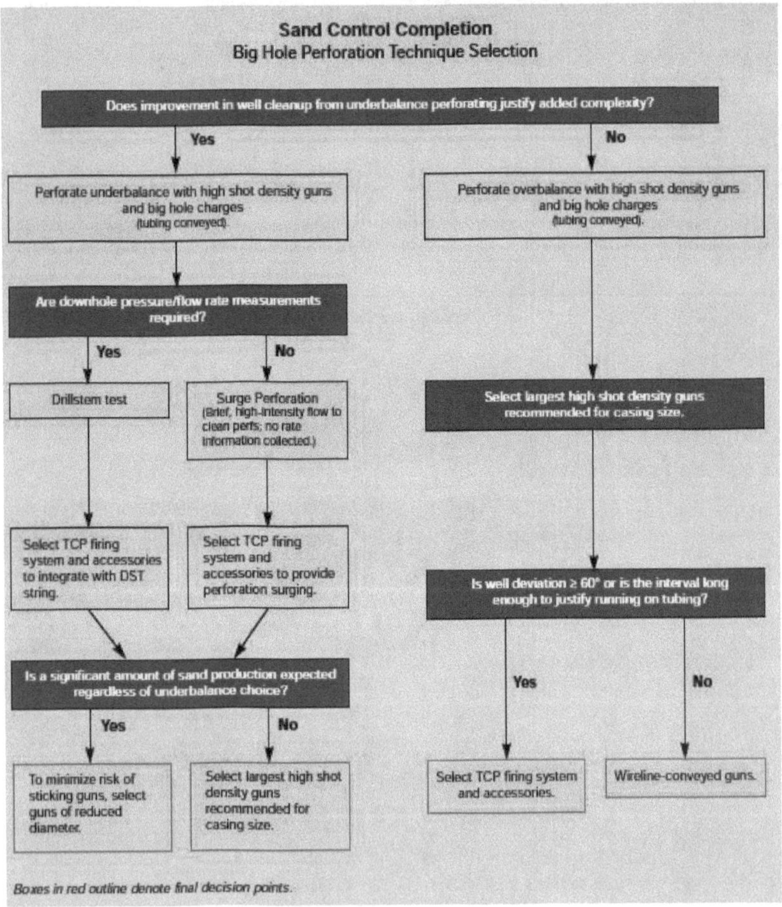

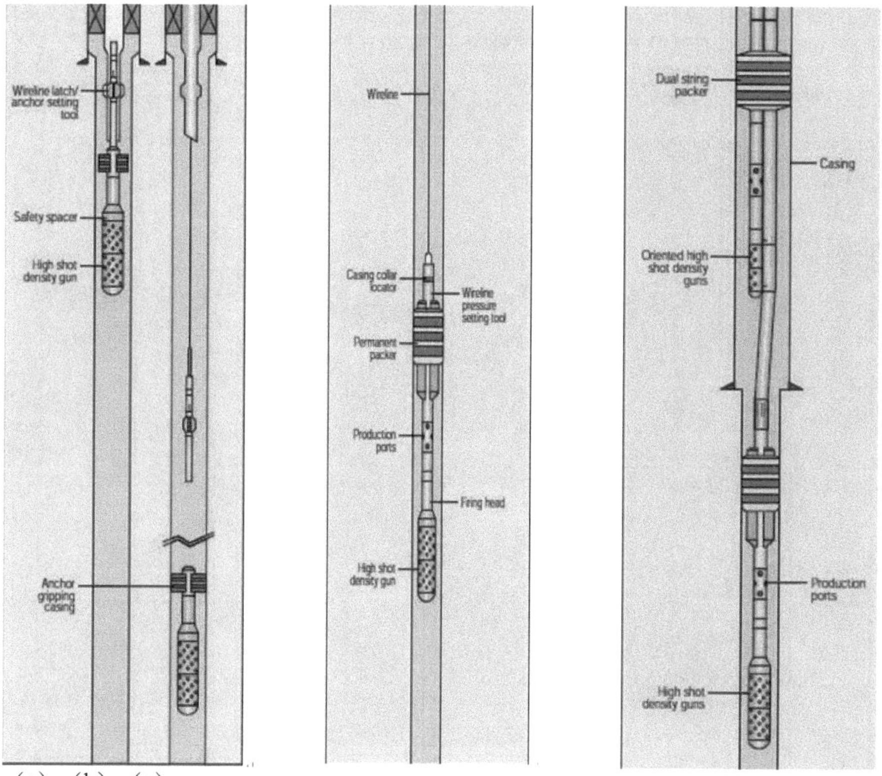

（a） （b） （c）

Rysunek 5.19 Perforacja

（a） Odmiana uzupełnienia monobore, przy użyciu stałego urządzenia pakującego. Monobole są najczęściej spotykane na Morzu Północnym i w Wenezueli:

(b) Pistolety o wysokiej gęstości strzału działają poniżej wireline-set packer. To trwałe wykończenie umożliwia niewyważoną perforację przy użyciu pistoletów o największej możliwej średnicy w trwałym wykończeniu. Pistolety są zwykle upuszczane po

(c) Zakończenie dwustrunowe, które umożliwia niewyważoną perforację obu strun. W tym przypadku, im niższy

6 Wniosek

Wreszcie, pomimo wielu problemów, studnie horyzontalne często kończą się jako najlepsi producenci w danej dziedzinie. Istnieje wiele powodów do wykonania odwiertu poziomego, w przeciwieństwie do konwencjonalnego. Mogą one wytwarzać znaczne ilości przyrostowych rezerw z tego, co w przeciwnym razie byłoby nieefektywnym obszarem złoża. Chociaż są one droższe w wykonaniu i bardziej podatne na awarie, odwierty horyzontalne często wykonują kilkakrotnie większą ilość odwiertów niż odpowiadające im odwierty konwencjonalne na tym samym zbiorniku. Na podstawie wcześniejszej analizy i dyskusji można zalecić następujące wnioski.

a) Siła oporowa, osiadanie formacji, wpływ perforacji i obciążeń zginających, jak również obciążenia konwencjonalne są głównymi obciążeniami nakładanymi na ciągi rur okładzinowych osadzonych w studniach poziomych. Obciążenia te mogą spowodować poważne uszkodzenia obudowy, jeśli nie są uwzględnione w projekcie. Siła oporu zależy od rodzaju błota i przewierconej formacji. Obciążenie to jest ściskane w przypadku biegu w cięciwie i rozciągające w przypadku podciągania.

b) Osiadanie formacji nie wytwarza równomiernego obciążenia nadmiarowego działającego jako obciążenie linii punktowej na rurę i drastycznie zmniejsza opór przy zapadaniu się. Ta redukcja może osiągnąć około 25 procent swojej pierwotnej wytrzymałości.

c) Technika perforacji powoduje zmniejszenie oporu na zgniatanie o 10 do 60 %, jak również oporu na zawalenie się rury w zależności od intensywności perforacji.

d) Proponowana metoda projektowa oblicza obciążenia przyłożone do łańcucha poziomego, proponuje dwa nowe współczynniki korygujące obciążenia dla warunków obciążenia poziomego, a mianowicie współczynnik osiadania formacji 2,0 i współczynnik efektu perforacji oraz umożliwia dobór odpowiedniej określonej rury do pracy w studni poziomej.

Referencje:

1] Pan Yi, Sun Yonghe, Yang Shuangchun, rozdział 5: Wiercenia naftowe [J], Przegląd sektora naftowego.2014: 206.

2] Baker R., A Primer of Oil-Well Drilling, Fourth Edition [J], Petroleum Extension Service, Uniwersytet w Teksasie, Austin TX. (1979): 94.

3] Baker R., A Primer of Offshore Operations, Second Edition [J], Petroleum Extension Service, University of Texas, Austin TX. (1985):114.

4] Adams, A.J. and Hodgson, T. 1999, Calibration of Casing/Tubing Design Criteria by Use of Structural Reliability Techniques [J], SPE-55041-PA, SPE Drill & Compl 14(1). 1999: 21-27

Adams, A.J. i MacEachran, A. 1994. Impact on Casing Design of Thermal Expansion of Fluids in Confined Annuli [J], SPE-21911-PA., SPE Drill & Compl 9 (3). 1994: 210-216.

Halal, A.S. i Mitchell, R.F. 1994. Konstrukcja obudowy dla uwięzionego pierścieniowego zwiększania ciśnienia [J], SPE-25694-PA., SPE Drill & Compl9 (2). 1994: 107-114.

[7] Johancsik, C.A., Fricsen, D.B., Dawson, R., Journal of petroleum Technology [J].czerwca 1984 r: P 987

Hammer lindl, D.J. 1977. Movement, Forces, and Stresses associated with Combination Tubing Strings Sealed in Packers [J], J Pet Techno 29 (2). 1977: 195–208.

[9] Klementich, E.F. i Jellison, M.J. 1986. A Service-Life Model for Casing Strings [J], SPE Drill Eng 1 (2). 1986: 141-152.

[10] Prentice, C.M. 1970, Maximum Load, Casing Design [J], Pet Tech 22 (7). 1970: 805-811

[11] Det Norske Veritas, Rules for the Design, Construction and Inspection of Offshore Structures [J], Hovik, Norwegia, DNV. 1981:202

[12] Mitchell, R.F. Casing Design, Inżynieria Wiertnicza, Ed. R. F. Mitchell, Vol. 2 of Petroleum Engineering Handbook [J], ed. L. W. Lake. (USA: Society of Petroleum Engineers). 2006: 287-342

[13] API RP 10B, Recommended Practice for Testing Well Cements [J], 22. edycja, Waszyngton, DC: API. Podręcznik inżynierii naftowej. 1997:152

[14] Adnoy B.S., Modern Well Design [J], A.A Balkema Rotterdam, Petroleum engineering technology. (1996):240.

[15] Al-Buraik, K.A., Pasnak, J.M., 1993. Wiercenia poziome na polach naftowych Saudi Arabian: case histories [J], Paper SPE 25592 Prezentowane na Middle East Oil Technical Conference and Exhibition, Bahrain .3-6 kwietnia 1993 r.: 609-617.

[16] Ezzat, A.M., 1993. Kryteria projektowania płynów do wiercenia poziomego i wykańczania [J], Paper SPE 25595 Prezentowane na Middle East Oil Technical Conference and Exhibition, Bahrain. 3-6 kwietnia 1993 roku:

645–654.

Fuh, G.F., Deom, D.B., Turner, R.D., 1991. Stabilność odwiertu i wyniki wiercenia pierwszego odwiertu poziomego na złożu Kotter w Holandii [J], Papier SPE 22544 Prezentowany na konferencji SPE 22544.

66. Doroczna Konferencja Techniczna i Wystawa Towarzystwa Inżynierów Naftowych, Dallas, TX. 6-9 października 1991: 101-109.

[18] Hassan, S., Klimentos, T., Badri, M., Sengul, M., Zeid, A., 1999. Optimizing drilling performance by wellbore stability evaluation and directional drilling practices[J], Paper SPE/IADC 57575 Presented at the Middle East Drilling Technology Conference, Abu Dhabi, UAE. W listopadzie. 8–10, 1999:1–11.

Lowery, J.P., Ottesen, S., 1995. Ocena tematycznej stabilności chemicznej odwiertów na morzu w Nigerii. SPE Drill. Kompletny. 34-41 marca 1995 r. Morita, N., White Bay, L., 1994. Rock mechanics aspects of drilling and completing highly inclined wells in weak formions [J], Paper SPE27983 Presented at the University of Tulsa Centennial Petroleum Engineering Symposium, Tulsa, OK, U.S.A. Aug. 29-31, 1994: 265-276.

Onaisi, A., Locane, J., Razim baud, A., 2000. Stress related wellbore instability problems in deep holes in ABK field [J], Paper ADIPEC-0936Presented at the 9th Abu Dhabi International Petroleum Exhibition and Conference, Abu Dhabi, UAE. 15-18 października 2000: 1-8.

[21] Said in, S., Smith, S.P.T., 2000.Wellbore stability and formation damage considerations for Bekok field K formation [J], Paper IADC/ SPE 62797Presented at 2000 IADC/SPE Asia Pacific Drilling Technology, Kuala Lumpur, Malaysia. Wrzesień 2000: 1-11.

Santarelli, F.J., Dahen, D., BaroudI, H., Sliman, K.B., 1992. Mechanizmy niestabilności odwiertów w silnie spękanych ośrodkach skalnych[J], Int. J. Rock Mech. Min. Sci. Geomech. Abstr. 29 (5). 1992: 457–467.

[23] Santarelli, F.J., Zaho, S., Burrafato, G., Zausa, F., Giacca, D., 1996.Wellbore stability analysis made easy and practical [J], Paper IADC/SPE35105 Presented at 1996 IADC/SPE Conference, New Orleans, Louisiana. Marzec 1996: 523-532.

Podziękowania

Sukces i ostateczny rezultat tego projektu wymagał wielu wskazówek i pomocy wielu ludzi i mam ogromne szczęście, że udało mi się to osiągnąć w celu zakończenia mojej pracy nad projektem. Zrobiłem to tylko dzięki takim wskazówkom i pomocy i nie zapomnę im podziękować.

Chcę podziękować Pr. Pan Yi, mój przełożony, kierownik naszego działu i pan Leng Jun za organizację szkolenia i kontynuację naszej nauki, za pomoc w różnych częściach mojego raportu, a zwłaszcza za cierpliwość i wskazówki podczas pisania.

Bardzo dziękuję wszystkim moim nauczycielom z Uniwersytetu Liaoning Shihua za wsparcie i pomoc w programie, za wsparcie podczas całego okresu studiów. Pragnę również podziękować doktorowi Rong Jiguangowi za to, że nauczył mnie kursu inżynierii wiercenia i zwiększonego wydobycia ropy naftowej, z którego dowiedziałem się wiele o moim kierunku studiów.

Jestem wdzięczna koleżankom i kolegom z SPE za wspaniały czas, który spędziliśmy razem w tym roku.

Mam nadzieję, że moi przyjaciele i współpracownicy, zbyt liczni, by indywidualnie podziękować, szczególnie: KWEGANG ERIC, NSIPEUFEU CHRISTOPHE, DOFARA JOSEPH, NKIEGANG FRANCK i wszyscy członkowie CASTAS; wybaczcie mi, że nie sporządziłem tutaj wielkiej listy.

Na koniec, dziękuję moim rodzicom: FOGAING THOMAS&ANNE, bracia, siostry i inni członkowie mojej rodziny, przyjaciele za ich stałą zachętę, bez której to zadanie nie byłoby możliwe. Na miłość mojego życia, Carole FOSSI!

Przede wszystkim chwalę Boga, Wszechmogącego Ojca za to, że dał mi tę możliwość i dał możliwość pomyślnego działania.

FSC
www.fsc.org
MIX
Papier | Fördert gute Waldnutzung
FSC® C083411

Kolibri 360 GmbH
Ferdinand-Jühlke-Straße 7
99095 Erfurt, Deutschland
produktsicherheit@kolibri360.de

Druck:
CPI Druckdienstleistungen GmbH
im Auftrag der
Kolibri 360 GmbH
Ferdinand-Jühlke-Str. 7
99095 Erfurt